油田采出液处理技术与设备

田洋阳 田雨 著

U0264160

中国石化出版社

图书在版编目(CIP)数据

油田采出液处理技术与设备／田洋阳,田雨著.—北京:
中国石化出版社,2022.6
ISBN 978－7－5114－6720－1

Ⅰ.①油⋯ Ⅱ.①田⋯ ②田⋯ Ⅲ.①油田化学－采油
废水－废水处理 Ⅳ.①X703

中国版本图书馆 CIP 数据核字(2022)第 090303 号

中国石化出版社出版发行

地址:北京市东城区安定门外大街 58 号
邮编:100011　电话:(010)57512500
发行部电话:(010)57512575
http://www.sinopec-press.com
E-mail:press@sinopec.com
北京科信印刷有限公司印刷
全国各地新华书店经销
*
710×1000 毫米 16 开本 11.5 印张 202 千字
2022 年 6 月第 1 版　2022 年 6 月第 1 次印刷
定价:62.00 元

前　　言

　　随着石油天然气勘探开发的不断发展，我国常规油气田的产量稳中有升，非常规油气田的产量再创新高，这对油田采出液处理设备也提出了新的要求。常规油田处于开发中后期，采出液含水率逐年攀升，提高采收率措施的应用，使得油田采出液中所含成分愈发复杂，处理难度较大，因此，需要不断探索创新高效经济环保的处理方法。目前，致密油气、页岩油气等非常规油气逐渐成为油田稳产的主力军，这就要求采出液处理技术和设备必须能够满足非常规油田的特殊生产规律需求。对于边际小油田和海洋油田而言，由于施工建设的经济性要求高、操作平台空间和承载能力有限等，需要尽量使采出液处理工艺流程精简，处理设备尺寸减小、效率提高且运行稳定。为了适应上述需求，在重力沉降、离心分离、化学分离等较为成熟的油田采出液处理技术基础上，各类处理技术不断完善并发展，采出液预分离技术、高效采出液模块化处理技术等受到了广泛关注。此外，一系列高效经济的采出液处理新设备应运而生并不断发展。本书归纳总结了油田传统的采出液处理技术与设备，对目前陆上和海上采出液处理的新技术和新设备进行了介绍，并详细阐述了处理设备的设计经验公式、设备内流场分析和结构优化的数值过程，可以为科技人员和生产人员提供参考。

本书主要包括油田采出液处理技术、采出液相分离设备、油水分离设备、油水分离设备数值模拟、油水分离装置中油滴破碎的影响等内容。书中的采出液相分离设备部分参考了冯叔初教授的《油气集输与矿场加工》(第二版)。本书第1～第3章、第5章由田洋阳编写,第4章由田雨编写,全书由田洋阳负责统稿工作。

本书由西安石油大学优秀学术著作出版基金资助出版,在编写过程中得到了西安石油大学和中国石油大学(华东)的大力支持,还获得了陕西省自然科学基础研究计划———一般项目(青年)(项目编号:2021JQ-602),陕西省教育厅专项科研计划项目(项目编号:21JK0831)的资助。由于编者水平有限,书中难免存在缺点和错误,恳请读者斧正。

目　　录

第1章 绪 论

第1节 油田采出液处理技术现状与展望

石油天然气埋藏在几千米深的地下储藏中，为了开采油气资源，需要利用天然能量或人工能量举升到地面。水压驱动是常规油田最常见的一种石油天然气开采方式，实际上是水驱替油的过程，因此在油井生产的绝大部分时间内都将生产含水的原油。石油是一种碳氢化合物的混合物，其中既有甲烷、丙烷等这样的轻烃组分，也有 C_{16} 以上这样的石蜡、沥青等重烃组分。当石油从地层中到达井口并继续沿出油管流动时，随着环境压力和温度的改变，石油中的轻烃会从液相中析出，以气相状态存在，这部分气态的轻烃通常被称为溶解气。从油井采出的井流，通常被称为油田采出液，不仅组分多样，除了包含水和溶解气外，还常常携带或溶解泥砂、岩屑、盐类等杂质，还具有复杂的性质，也决定了油田采出液的加工处理十分复杂。为满足油气井产品计量、矿场加工、储存和运输的需要，必须将已形成的油、气、水、砂分开，尽可能地脱除采出液中的非烃杂质，进一步加工处理形成符合标准的石油产品。

油田采出液含水不仅增大了原油在后续收集、加工和储存过程中的处理成本和管输费用，还加大了设备的运行负荷，增加了下游设备的腐蚀结垢风险。此外，由于采出液是复杂的混合物，完全分离的难度较大，不论是外排还是回注，如果不符合相应排放或回注标准，还会给地层和环境带来巨大的污染。因此，必须对采出液进行处理，达到商品石油和非烃类物质排放或处理的环保要求。原油从油田采出液处理加工成合格的商品原油的过程都可以称为油田采出液的处理，在采出液处理的过程中油气处理设备起到了关键作用。

为满足油田采出液加工处理的需要，每个加工处理工艺流程都需要特定的处理设备，比如：将油田采出液分离成油、气、水、砂的多相分离装置，将含水原油中乳化水脱除使其满足商品原油含水率要求的原油脱水装置，将含油污水中原油和固体杂质脱除使其满足回注或排放标准的污水处理装置，等等。随着石油天然气勘探开发的不断发展，我国常规油气田的产量稳中有升，非常规油气田的产量再创新高，对上述油田采出液处理设备也提出了新的要求和任务，具体表现在以下几点。

(1)开发中后期的常规油田，采出液含水率逐年攀升，综合含水率可达90%以上，这给油田采出液处理设备的处理能力带来了巨大的挑战，如何更经济高效地提高现有处理设备产能成为广泛关注的问题。

(2)开发中后期的常规油田，为了稳产需要开展一系列提高采收率的措施，如三元聚合物驱、水力压裂和二氧化碳驱等。这些油田本身采出液的含水率就较高，再加上这些增产手段，导致油田采出液量大且成分复杂，处理难度较大，需要不断探寻创新的高效处理技术和设备。

(3)随着致密油、页岩油等非常规油田的大力开发，采出液处理技术和设备必须能够满足非常规油田的开发方式和生产规律，即开发初期产液量高、含水率高，产油量快速上升，产液量及产油量上升到最大后衰减迅速，然后产液量及产油量下降趋势逐渐平缓，持续时间长。如何使初期大量返排液中的水得到及时处理和充分有效的利用，如何应对后期产液量缩减使处理设备仍保持高效经济的运行等问题成为保障非常规油田经济开发的重点之一。

(4)我国大多数油田进入油田开发后期，为了保证稳产增产的需要，大多在主力油田边缘进行滚动开发周期短、产量高的小区块油田。对于边缘小区块油田产出的高含油采出水主要依靠汽车拉运至联合站处理，其运输费用极高；且该区块的回注水多采用水源井清水进行回注，造成了地下水资源的过度消耗，不符合水资源的可持续发展的环保需求；另外，随着采出水水量的增多，也将导致联合处理站处理负荷的增大。此外，海洋油气田的开发也不断深入，据统计，中国海上油气产量2020年突破6500万吨(油气当量)，达到历史新高，同时采出液处理量也大幅增加。由于海上平台空间和承载能力有限，对采出液处理设备和工艺提出了新的要求，处理工艺流程应尽量精简，处理设备尺寸尽可能减小，设备高效且运行稳定。特别在外排和回注环保标准日益严格的大背景下，对边际小油田和海洋油气田的采出液处理技术和工艺提出了更严苛的要求。因此，研发工艺流程简单、结构紧凑且高效的采出液处理设备，满足采出液的"就地处理"需求，可降低石油开采能耗，保护周边生态环境，保证油田的正常生产。

为了克服上述困难，在重力沉降、离心分离、化学分离等较为成熟的油田采出液处理技术基础上，这些处理技术不断完善并发展，采出液预分离技术、高效采出液模块化处理技术等受到了广泛关注。此外，紧凑型气浮装置、多管式分离器、高频静电聚结器等一系列高效经济的新设备应运而生并不断发展。因此，在满足生产需要的前提下，尽可能提高处理效率，降低设备投资和运行费用，是油田采出液处理技术与设备持续发展的动力与目标。

第 2 节　油田采出液处理技术

一、油田采出液特性

油气资源从地下被开采出来时，常常携带或溶解大量地层水、泥砂、岩屑、盐类等杂质，随后进入油气集输处理系统进行油、气、水、砂的多相分离，从而进一步加工处理形成符合一定标准的石油产品。随着注水等开发方式的推广应用，油田采出液中包含大量的地层水，且油田采出液含水率逐渐升高。采出液含水不仅增大了原油在后续收集、加工和储存过程中的处理成本和管输费用，还加大了设备的运行负荷，增加了下游设备的腐蚀结垢风险。此外，由于采出液是复杂的混合物，完全分离的难度较大，不论是外排还是回注，如果不符合相应排放或回注标准，还会给地层和环境带来巨大的污染。因此，必须对采出液进行处理，降低其含水率，达到原油外输标准。

油田采出液的性质各异，主要由其所在油气田油藏特性或开采方式的不同来决定。根据不同的油藏特性和开采方式，可将油田采出液分为以下几类：常规采出液、高盐采出液、稠油采出液和化学驱采出液。

常规采出液中除了含原油外，还含有游离水、乳化水、盐类、泥沙和溶解气等。目前常以重力沉降分离为主，在进行原油脱水前，应尽可能脱除原油内析出的溶解气，否则气体的析出和在原油内上浮以及气泡吸附水滴将严重干扰水滴的沉降，降低脱水质量。除了重力沉降分离之外，还有化学破乳、加热、机械、电脱等方法，经常综合应用上述脱水方法以求得最好的脱水效果和最低脱水成本。采出液中原油处理采用二段热化学重力沉降脱水工艺，利用旋流除沙、浮筒收油、相变掺热、负压排泥等工艺设备。

高盐采出液即为含盐（Cl^-、SO_4^{2-}、Ca^{2+}、Mg^{2+}等）量多的采出液，目前主要

利用破乳剂来处理，还有采用微生物法。高温、高盐及含大量有毒有害物质等特性均会对常规微生物的生长代谢造成不良影响，有时甚至会大量杀死微生物，影响生化系统稳定运行。针对高盐采出液适合采用生物强化技术，通过人为培养筛选本土或外源优势菌种的方式，快速大量获得高效高温耐盐嗜油功能的菌株或菌群，并将其加入原生物体系中，有针对性地提高耐温耐盐优势菌种比例，从而缩短驯化时间，增加生化系统降解能力。在轮南油田，综合采用重核催化强化絮凝技术，利用高含盐的油田采出水中含盐量可产真空盐、各种规格氯化钙产品、碳酸锶、溴素及碘，提高产值的同时生产大量冷凝水，可做绿化用水，从而节约水费。

稠油采出液中最突出的特点就是，稠油一般含有较多的胶质和沥青质，其密度大、黏度高、流动性差以及易形成稳定的油水乳状液，增大了油水分离的难度。超稠油具有高密度、高黏度，胶质沥青质含量高、乳化形态复杂、温度高（≥180℃）、泥沙含量高（1%～2%）、泥沙的粒径更小（10μm）、具有复杂的O/W多重乳化形态和胶体的电化学特性。陆上稠油油田采出液的脱水处理通常采用掺稀油降黏及大罐沉降等方式，而海上稠油油田采出液多采用静电聚结脱水处理技术。

化学驱采出液最具代表性的就是三元复合驱油技术，它是各类化学驱油技术中提高原油采收率最高的一项技术。化学驱采出液的主要特点为：①油水乳化程度高，油水乳状液稳定性强，三相分离器游离水脱除器和脱水器处理能力下降，造成脱水后原油含水率超标和分离采出水含油量大幅度提高；②破乳剂用量显著增大；③采出液携沙量增大，造成分离设备积沙量增大，流道淤积，有效停留时间缩短，电脱水器内电场强度降低，油水过渡层厚度增大；④乳化原油导电性增强，电脱水器运行电流大幅度上升，发生击穿放电和电场破坏的频率加大；⑤表面活性剂聚合物驱采出液分离设备和加热设备结垢严重，造成游离水脱除器聚结填料流道淤积和电脱水器脱水电极间短路；⑥采出水处理过程中产生的污油量和污油中的机械杂质含量大幅度增大，将其回掺到油井采出液中处理，显著增大了采出液的处理难度，不仅造成分离采出水含油量和悬浮固体含量增大，还造成电脱水器中油水过渡层增厚，发生击穿放电和电场破坏的频率加大，绝缘部件烧损和脱后净化油水含量超标。为消除和减轻实施三元复合驱给采出液和采出水处理设施造成的冲击，在处理工艺、药剂和设备方面均开展了大量研究工作，先后研发和应用了组合电极脉冲供电脱水器、陶瓷填料游离水脱除器、采出水序批沉降工艺、消泡剂、水质稳定剂和油水分离剂，显著改善了三元复合驱采出液和采出水的处理效果。

根据采出液的处理顺序不同，可以分为油田采出液预分离、油田采出液多相分离和含油污水处理。随着稳定原油产量的主要措施增加油井液量的开展，原有油田采出液处理规模无法满足新要求，导致油田采出液预分离任务急剧上升，目前采出液预分离仍以重力沉降分离为主，集成其他原理的预分水技术相对较少。除了传统的卧式重力沉降分离器外，仰角式游离水脱除器、T形管预分离器和海洋多管式油水分离器、盘管式油水分离器等取得一系列重大成果。在地层中压力相对较高，天然气、硫化氢等气体可能溶解在采出液中，当采出液随井筒举升至地面时，大部分气体闪蒸成为气相。故油田采出液通常是原油、伴生气、采出水和泥沙的混合物，需要经过采出液相分离设备处理。传统的采出液相分离设备就是实现油气分离的设备，将从油井收集的油气水混合物进行气液分离的设施。随着油田采出水含量不断升高，油气分离设备逐渐为油气水分离设备所代替，具体的设备结构在本书第 3 章将详细介绍。在多相分离设备中，从原油中分离出的含油污水中仍含油 0.1% ~ 10% 体积的分散油、乳化油和溶解油，需要进一步对含油污水进行处理。分散油通常指直径在 0.5 ~ 200μm 以内的油滴，乳化油比分散油尺寸更小，直径在 10^{-1} ~ 10^{-2}μm 范围内，而溶解油尺寸更小，直径小于 10^{-3} μm。众所周知，油滴粒径分布是影响油水分离性能的重要参数之一，油滴上升速度与油滴直径的平方成正比。所以随之油滴尺寸的减小，油水分离的难度逐渐增大。含油污水处理主要分为两类，一类将含油污水处理后作为回注水重新注入地层，另一类则是将含油污水处理后外排。由于油田采出液的物理及化学性质差异较大，油田地层渗透率也不同，对回注水的水质要求也不同。以油田采出液达标回注方式进行的石油开采过程，注水水质需要满足《碎屑岩油藏注水水质推荐指标及分析方法》(SY/T 5329—2012) 中 A2 级及以上标准要求。外排水质的标准因地域不同而不同，各国有不同的法规标准，一般外排水中的"总含油量"应降至15 ~ 50mg/L。陆上油田采出液污染物最高允许排放浓度应遵循《污水排放综合标准》(GB 8978—1966)、《石油开发工业水污染物排放标准》(GB 3550—1983)，而海洋油田采出液的外排标准依据《海洋石油开发工业含油污水排放标准》(GB 4914—1985)。

对于含油污水的处理，不管是回注还是排放，其基本流程均采用多级处理工艺流程。第一级为沉降分离除油，通过撇油罐、平流隔油池(API 隔油池)和沉淀器等设备，除去油田采出液中分散油、沙粒和悬浮物等。离心分离也常常在含油污水的处理中采用，是一种强化重力分离的方法，有静态旋流分离和动态旋流分离两种。第二级为气浮和聚结除油，气浮除油是利用气泡为载体去黏附水中的分散油滴，典型设备有容器气浮、有道气浮、涡凹气浮等；聚结除油常作为辅助技术，为重力沉降或离心分离提供补充，典型设备有颗粒床层聚结器、异形板聚结油水分离器和管式组件聚结器等。第三级为过滤、膜分离和生化法，主要设备有石英砂过滤器、核桃壳过滤器、双层滤料过滤器、改性纤维球（束）过滤器，生化处理法主要有活性泥法、SBR 法、稳定塘法、厌氧法和好氧法等。

油田采出液处理技术发展较快，目前采出液的油水分离主要有重力沉降分离、离心法分离、化学法分离、静电法分离、聚结法分离和气浮法分离等。

二、重力沉降法分离

重力沉降分离法是根据油水密度的差异将油水进行分离的一种方法。按容器的耐压能力，容器分为耐压的游离水脱除器、压力沉降罐和不耐压的常压沉降罐。重力沉降分离法是将采出液放入沉降罐中静置，利用重力作用将乳状液中的水沉降下来，油滴受到水的浮力而上浮，以达到油水分离的效果。这种方法可以有效脱除原油中大部分的游离水，进罐油水混合物一般无须加热，节省燃料，同时原油内轻质组分损失少，罐内无运动部件，操作简单，要求自控水平低。但罐容及重量较大，不适合分离空间尺寸较小的场合，如海洋油气平台。同时，沉降罐内表面积较大和污水的腐蚀性，使内壁衬里和牺牲阳极的投资、检查、维护费用较高，热损失较大，避免短路流和流动死区十分困难。同时，对黏度大、油水密度差小、含水率低的原油脱水的处理达不到要求。

重力沉降法分离中油滴的上浮通常可认为满足斯托克斯定律，则分离效果具有以下规律：油滴粒径越大，它浮到聚集液面所需的时间越少，越易分离；油滴和水相的密度差越大，垂直速度也越大，分离效果越好；此外，温度越高，水的黏度越低，因此油滴的垂直速度越大，越易分离。理论上，斯托克斯定律适用于粒径约 $10\mu m$ 的油滴。然而现场试验表明，将能被去除的油滴下限设为 $30\mu m$ 比较合理。低于该值，小的压力波动、平台震动等会阻碍油滴浮到聚结面。

根据上述规律，提高油水混合物温度有利于促进油水分离，因此加热对油田采出液处理有促进作用。另外，加热可以提高油水混合物温度，对于乳化油而言，高温有利于降低油水界面张力，增加两相对乳化剂的溶解度，使乳状液膜减弱，有利于油滴聚结成尺寸更大的油滴，从而沉降分离出来。故对于乳化较严重的油水乳状液，常用加热处理器进行油水分离，其本质上是将沉降分离器和加热器集成的一体化设备，自动化程度高，通过对加热温度和流量的改变可以得到不同的分离效果。但这种加热方法也为油田采出液的处理带来了一些负面影响，加热使原油中轻组分挥发加剧，导致原油密度增大、体积缩小，不利于提高原油价值，同时加热增加了原油生产成本，增加安全隐患。

三、离心法分离

离心脱水的原理是利用油水密度的不同，油水混合液在高速旋转的离心场内产生不同的离心力，实现油水分离。离心设备可以产生高达几百倍重力的离心力，因此离心设备可以较为彻底地将油水分开，具有停留时间短、体积小、重量轻、除油效率高、无运行部件、自控水平高等特点。在处理量及来水性质相同的条件下，其重量比其他除油设备轻80%~90%。它不仅适用于油田污水的油水分离中，也可作为采出液的预脱水设备。

当采出液油水密度差大于0.05g/cm，采出水中油珠粒径大于20μm时，旋流器可在几秒钟内迅速将油从水中分离出去。在控制进出口压差为0.2~0.8MPa情况下，当进水含油量≤1000mg/L时，出水含油可降到50mg/L以下。但要求流量稳定，并保持0.8MPa的进水压力。因靠离心力除油，所以对悬浮物和粒径小的乳化油去除率很低。因此，后续流程中应加强去除乳化油和悬浮物的处理工艺。

旋流器从结构上可分为卧式和立式两种。从性能上可分为水中除油和油中脱水两种。旋流器从内部构件是否可运动的角度可以分为静态旋流器和动态旋流器两种。原油采出液以较高的速度由进料管沿切线方向进入，产生高速旋转，由于油水密度不同，在离心力的作用下，水相聚结在旋流器器壁，最终从底流出口排出旋流器。油相由于受到的离心力较小，将在旋流器中心轴处聚集，从溢流出口排出，这样就实现了油水的分离，达到原油脱水的目的。

而动态旋流器又可分为动态水力旋流器和离心机两种。动态水力旋流器技术仍不成熟，至今未得到工程应用。而离心机的典型设备是碟式离心机，适用于高酸、高胶质和沥青质原油的比重大，以及油水乳化严重的场合。但运行成本较高，还需要进一步改进。若把乳状液置于离心力场中，水滴所受的离心加速度大于重力加速度，有利于水滴的沉降。水滴在离心力场中的受力主要有离心力、运动阻力、重力和浮力。而在离心机内，水滴所受的运动阻力和浮力较小，可忽略。则有水滴做匀速运动时离心力与阻力相等，故有：

$$\frac{mv^2}{r} = 3\pi d\mu_\text{o} \frac{dr}{dt} \qquad (1-1)$$

简化上式并积分可得离心机中沉降水滴直径为：

$$d = \left(\frac{18\mu_\text{o}}{t\rho_\text{w} w^2} \ln \frac{R}{r_\text{o}} \right)^{0.5} \qquad (1-2)$$

式中，ω 为水滴角速度，rad/s。

综上所述，静态或动态旋流器适用于分离浮油和分散油，基本可除去油滴粒径为 $15 \sim 20 \mu m$，而乳化油却无法处理。离心机可以处理粒径 $3 \sim 7 \mu m$ 的乳化油，但维护成本和能耗较高，当油滴粒径大于 $15 \mu m$ 时与其他技术相比缺乏竞争力。旋流分离技术作为采出液脱水处理工艺的一种较为成熟的技术，经常与其他分离方法联合使用。

四、化学法分离

化学法分离是指添加一定浓度的化学药剂来进行采出液分离工艺，通过聚结或破乳作用来提高油水分离的效率。化学药剂的类型、加剂量、加剂位置等因素都对采出液处理效果有直接的影响。

为了理解化学法分离原理，首先需要明确聚结和破乳的含义。聚结是指小粒径液滴的合并，合并后形成粒径较大的液滴，这种大尺寸液滴在一定的停留时间内可以沉降到容器底部，这一过程称为聚结。可见，聚结过程需要一定的停留时间 t，其可由下式估算：

$$t = \frac{\pi}{6} \left(\frac{d^j - d_0^j}{\varphi K_\text{s}} \right) \qquad (1-3)$$

式中，d_0 为液滴初始直径；d 为液滴最终直径；K_s 为特定系统的经验参数；φ 为分散相浓度；d_0 为液滴碰撞反弹概率相关参数，其为大于 3 的经验参数。

由上式可见，液滴的聚结时间 t 与液滴最终直径 d 有关，水滴粒径增大，聚结时间大幅度增加。分散相浓度越大，所需停留时间越短。

破乳是指乳状液的破坏，由分散水滴相互接近结合在一起、界面膜破裂、液滴合并粒径增大、在连续相中沉降分离等一些环节组成。但分散相的界面膜具有较高机械强度阻止水滴的合并沉降，所以破乳的关键是破坏油水界面膜，使水滴聚结和沉降。

油田常用的破乳剂是一种表面活性剂，其能穿过乳状液外相分散到油水界面上，替换或中和乳化剂，降低乳化液滴的界面张力和界面膜强度，可以破坏乳状液，防止油水混合物进一步乳化，降低油水混合物黏度和加速油水分离的作用。破乳剂主要有 4 种作用：一是可以降低乳化水滴的界面膜强度和界面张力，防止油水混合物进一步乳化，破坏已经形成的原油乳状液，降低油水混合物的黏度，加速油水分离；二是具有能破坏乳化水滴外围的界面膜的凝聚作用，使水滴合并、粒径增大，达到油水分层；三是能够润湿固体，防止固体粉末乳化剂构成的界面膜阻碍水滴聚结；四是破乳剂能消除水滴间的静电斥力，使水滴絮凝。

破乳剂常按分子结构、分子量大小、镶嵌方式、聚合段数、起始剂具有活泼氢官能团的数量、溶解性能、化合物类别进行分类。按分子结构可把破乳剂分为离子型和非离子型两大类。根据溶解性能，非离子型破乳剂可分为水溶性、油溶性和部分溶解于水部分溶解于油 3 类。各种破乳剂有不同的脱水性能，任一种破乳剂很难同时具有破乳剂的降低液滴界面张力和界面膜强度作用、消除静电斥力作用、聚结作用和润湿固体作用。有时可将两种或两种以上的破乳剂以一定比例混合构成新的破乳剂，其脱水效果可能高于任何一种破乳剂单独使用时的效果，这种现象称为破乳剂的协同效应或复配效应。化学法是现在普遍采用的一种破乳方法，常与其他方法联合使用，使采出液脱水效果明显提高。

针对不同的油藏和地层，采出液的组成和特性差异较大，需要选择合适的破乳剂。破乳剂除了需要满足上述 4 种作用外，还需要具备成本低、用量少、无毒无害、腐蚀性和结垢性较弱、脱水温度低，其次最好能够适应采出液性质的改变，具有较广的应用范围。采用破乳剂进行油水分离能够在系统内较早防止乳状液的形成，可在较低温度下脱水，节约燃料费用，降低原油蒸发体积损失和因原油密度增大的经济损失。但破乳剂的使用存在一些问题：一是破乳剂的平均相对分子质量较低，破乳效果不理想；二是注入破乳剂剂量过多时，可生成新的、稳定性更高的乳状液；三是目前国内破乳剂的适应性差，不能满足油田生产各阶段的需求，急需开发适应性强的破乳剂；四是注入破乳剂剂量较大、费用较高时，仅靠破乳剂脱水费用过高。

目前破乳的机理主要有以下几种：界面膜接触、反相破乳机理；溶胶机理；絮凝－聚结机理和碰撞击破界面膜机理。聚合物驱采出液是个复杂的乳化体系，对于油包水型乳状液，破乳过程实际上是界面活性高的破乳剂分子扩散渗透在乳化液滴的界面上，能在油水界面上吸附或部分置换出天然乳化剂，生成比原来界面膜强度更低的新的界面混合膜。由于新的油水界面膜稳定性差，在布朗运动和重力作用下，细小的液滴产生絮凝，聚集成较大的水滴并聚结。当液滴聚结到一定直径后，利用油水密度差异，使其得到分离，从而实现破乳。对于水包油型乳状液，絮凝即克服双层的排斥作用，液珠在絮凝过程会产生一个势能曲线，并在势能曲线上出现浅浅的"次极小"电位，絮凝就在这个极小处发生。从这一点出发，可以有意识地制造这样一个浅浅的"次极小"势能，能使聚结递次展开，使水包油型乳状液失稳。

目前油田常用的混凝剂有精制硫酸铝、粗制硫酸铝、聚合氯化铝（PAC）、氯化亚铁、硫酸亚铁、阳离子型聚丙烯酰胺（PAM）等，有时也投加助凝剂促进混凝效果，但它本身只起混凝作用。赵景霞等发明的一种复合型处理含油废水的絮凝剂用于油田含油废水处理时，可以同时完成破乳和絮凝除油工作，而且产生的浮渣量较现有制剂大大减小。助凝剂的作用有 3 个：①调节 pH 值，例如使用石灰等；②改善絮凝状结构起絮凝体核心作用，例如活性炭；③氧化作用，例如加氯气氧化有机物或使 Fe^{2+} 变成 Fe^{3+}。混凝的过程为：水中加入混凝剂后在混合阶段马上水解，产生带正电荷的胶体与带负电荷的水包油乳化液作用进行破乳。由于加入高分子助凝剂或废水本身存在的悬浮物都起到架桥作用开始形成矾花，在反应阶段靠搅拌作用使矾花不断相互碰撞、黏结、长大，在此过程中还会不断网罗及吸附一些小的悬浮颗粒使矾不断加大，最后形成以携带油颗粒为主的大絮凝体。

五、静电法分离

静电分离是指将原油乳状液置于高压直流或交流电场中，由于电场对水滴的作用，削弱了水滴界面膜的强度，促进水滴碰撞，使水滴合并成粒径较大的水滴，在原油中沉降分离出来。这种静电分离的方法在油田常称为电脱水，而进行静电分离的设备称为静电聚结器。电脱通常在原油处理的最后环节，在油田和炼厂已经广泛适用。

静电之所以能够实现油水分离，主要是由于水滴在电场中的 3 种聚结方式，即电泳聚结、偶极聚结和振荡聚结。电泳聚结是把原油乳状液置于通电的两个平行电极中，水滴将向同自身所带电荷电性相反的电极运动，即带正电荷的水滴向负电极运动，带负电荷的水滴向正电极运动。这种现象被称为电泳。

由乳状液的性质可知，原油中各种粒径水滴的界面上都带有同性电荷，故在通直流电的平行电极中，乳状液的全部水滴将以相同的方向运动。在电泳过程中，水滴受原油的阻力产生拉长变形，使界面膜的机械强度削弱。同时，因水滴大小不等、所带电量不同、运动时所受阻力各异，各水滴在电场中的运动速度不同，水滴发生碰撞，使削弱的界面膜破裂，水滴合并、增大，从原油中沉降分出。未发生碰撞合并或碰撞合并后仍不足以沉降的水滴将运动至与水滴极性相反的电极区附近。由于水滴在电极区附近密集，增加了水滴碰撞合并的概率，使原油中大量小水滴在电极区附近分出。电泳过程中水滴的碰撞、合并称为电泳聚结。未沉降的水滴与电极接触而带与电极相同极性的电荷，与该电极相斥又向极性相反的另一电极运动。如此反复，使原油水含率大幅降低，如图 1 – 1 所示。

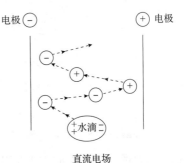

图 1 – 1　电泳聚结示意图

　　偶极聚结是指在高压直流或交流电场中，原油乳状液中的水滴受电场的极化和静电感应，使水滴两端带上不同极性的电荷，形成诱导偶极；因为水滴两端同时受正负电极的吸引，在水滴上作用的合力为零，水滴除产生拉长变形及振动外，在电场中不产生像电泳那样的运动，但水滴的变形削弱了界面膜的机械强度，特别在水滴两端的界面膜强度最弱。原油乳状液中许多两端带电的水滴像电偶极子一样，在外加电场中以电力线方向呈直线排列形成"水链"，相邻水滴的正负偶极相互吸引，如图 1 –2 所示。电的吸引力及水滴在电场内的振动，使水滴相互碰撞，合并成大水滴，从原油中沉降分离出来。这种聚结方式称为偶极聚结。显然，偶极聚结是在整个电场中进行的。

　　振荡聚结是指在交流电场种，水滴形状不断地变化削弱了界面膜强度，同时水滴在交流电场内的振动，使水滴碰撞聚结。在工频交流电场中，两电极间的电压为正弦波形，电场方向每秒改变 50 次。如图 1 –3 所示，在极间电压为 0 的 1、3、5 瞬时处，水滴由界面张力保持球形，在瞬时 2、4 处极间有负电压和正电压，使水滴拉长。现有研究结果表明，提高电源频率有利于原油脱水。

　　对原油乳状液在电场内破乳过程的观察表明：在交流电场中破乳作用在整个电场范围内进行，说明在交流电场内水滴以偶极聚结和振荡聚结为主；直流电场的破乳聚结主要在电极附近的有限区域内进行，故直流电场以电泳聚结为主，偶极聚结为辅。

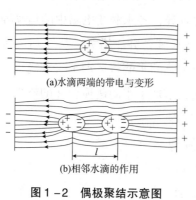

(a)水滴两端的带电与变形

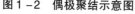

(b)相邻水滴的作用

图1-2 偶极聚结示意图

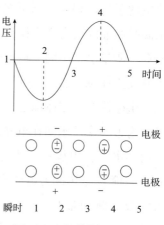

图1-3 振荡聚结示意图

随着静电聚结方法的发展，一种将直流电场和交流电场结合使用的方法出现了，成为现代多数电脱水器应用的电场类型。这种直流和交流电场结合的静电聚结原理称为介电泳聚结，水滴在交流电场中形成诱导偶极，而直流电场使得有道偶极附近的电场强度不均匀。在这种不均匀的电场中，已经极化了的水滴将朝电场强度大的方向运动，在运动过程中水滴之间发生碰撞，从而产生聚结。这种直流/交流双电场扩大了处理原油含水率的适用范围，同时不易发生电化学腐蚀，因此也得到了较为广泛的应用。

电法脱水只适宜油包水型乳状液。因为原油的导电率很小，油包水型乳状液通过电脱水器极间空间时，电极间的电流很小，能建立起脱水所需的电场强度。高频脉冲电脱水是近年来发展起来的一种新的电脱水方法，是在常规电脱水的电压输出波形上叠加了一个高频脉冲信号，使原油乳状液中的水颗粒充分吸收足够的能量，使水颗粒的振动幅度增大，使其与相邻的水颗粒碰撞机会增多，从而提高脱水效率。

电脱水在我国应用较为广泛，对电脱水技术的研究也取得了长足发展。对于低含水、乳化强度不高的采出液非常有效，但对于高含水、乳化严重的采出液分离效果并不理想，很容易导致电场击穿。因此当采用常规的工频/高压交流电场时，需要在三相分离器内部前端把采出液的含水率设法降到30%后，再进入电场破乳处理段。

高频/高压脉冲交流电场不同于常规的工频/高压交流电场，电场频率的提高一方面增加了分散相水颗粒的振荡频率，有助于削弱油水界面膜强度；另一方面，由于高频脉冲的输出时间（脉冲宽度）小于原油乳化液在电极间形成短路击穿所需的时间，高频脉冲的间隔时间大于短路消失时间，因此可以有效避免含水率较高时容易出现的跨电场现象。此外，脉冲破乳的原理是在脉冲电磁场中，液滴在电场中会发生振动、变形，当外加电场频率接近界面膜谐振频率时，两者形成共振，此时液滴的界面膜破裂。脉冲破乳的突出优点是，在不添加破乳剂的条件下，仅通过电场频率的调节就可形成共振而破乳，是一种绿色的物理方法，经济环保。通过研究发现，高频脉冲电场频率并不是越大越好，而是存在一个最优频率，在该频率下，液滴与电场频率达到共振，液滴变形度达到最大，最有利于液滴之间的碰撞聚结。当电场频率大于这个最优频率时，电场方向变化过快，液滴的变形量未达到峰值就受到反方向的作用力，降低了聚结速度，不利于破乳效果的提高。

高频/低压脉冲电场预分水技术的起步较晚，但目前已经有一些工业应用案例，其形成的高频聚结预分水技术和装置先后在胜利油田、大庆油田、辽河油田等进行了试验或工业应用。现场试验证明，高频脉冲脱水能够在相同的处理量和处理温度下，脱水效果更优，且耗电量仅为常规电脱水处理的 50% 左右，特别时与电磁辐射相结合，先经过电磁辐射降黏，再高频脉冲破乳脱水，分离效果和经济效益更好，具有广阔的应用前景。

六、聚结法分离

聚结法分离就是创造条件，使水中细小的分散油滴通过黏附和碰撞，形成较大油滴，它是一种能有效提高重力浮升分离效率的方法。聚结法分离主要有两种理论，一种为润湿聚结理论，另一种为碰撞聚结理论。润湿聚结理论即为利用油水两相对聚结材料的润湿性不同的特性，使得分散相油滴被材料捕获而滞留于材料表面、孔隙内，导致油滴聚集成油团或较大粒径油滴，从而沉降分离出来。碰撞聚结理论即为使油水两相通过物理聚结装置（平行板或波纹板等）增加液滴的碰撞，通过液滴碰撞概率的增加，最终导致油滴聚集成油团或较大粒径油滴，从而沉降分离出来。

润湿聚结理论建立在亲油性聚结材料的基础上。当采出液经过亲油性材料组成的聚结床时，分散油珠便在材料表面润湿并附着，这样材料表面几乎被油包住，再流来的油珠也更容易润湿并附着在上面，因而附着的油珠不断聚结扩大并形成油膜。由于浮力和反向水流冲击的作用，油膜开始脱落，于是材料表面得到一定更新。脱落的油膜到水相中形成油珠，该油珠粒径比聚结前的油珠粒径要大，从而达到增大粒径的目的。

碰撞聚结理论建立在疏油材料基础之上。无论是由粒状还是纤维状聚结材料组成的聚结床，其空隙均构成互相连续的通道，犹如无数根直径很小并弯曲交错的微管。当采出液流经该床时，因聚结材料的疏油性，两个或多个油珠有可能同时与管壁碰撞或互相之间碰撞，其冲量足以使它们合并成为一个较大的油珠，从而达到增大粒径的目的。无论是亲油或疏油的粗粒化材料，两种聚结都同时存在，只是前者以润湿聚结作用为主，后者以碰撞聚结为主。

七、气浮法分离

气浮，是在油田采出液中通入气泡或产生气泡，当气泡上浮时，与水中分散油滴碰撞接触，由于油滴表面的疏水性，油滴与水的接触角 $\theta > 90°$，油滴会被气泡黏附；由于气体的密度很小，降低了油滴-气泡黏附体的密度，油滴-气泡黏附体会以较大的浮升速度上升至水面，达到油水分离的目的。气浮也广泛用于脱除污水中的固体悬浮物，一般要加入絮凝剂，水中的固体悬浮物形成表面疏水的絮凝体，从而与上升气泡黏附而浮升分离。依据产生气泡方法的不同，有溶气气浮、吸气气浮、涡凹气浮及电解气浮等气浮过程。

气浮除油效率随着气泡与油珠和固体颗粒的接触效率与附着效率的提高而提高。气液接触时间延长可提高接触效率和附着效率，从而提高除油效率。增大油珠直径，在含油废水处理中使用较多的是机械扩散气浮法，具体包括射流气浮和叶轮旋切气浮两种。

在溶气气浮过程中，气体在较高压力下溶于水中，当压力突然降低时，气体-水过饱和溶液快速流动，在其流动旋涡中有大量微小泡核形成，随之合并长大成小气泡而浮升，在浮升中因水静压力下降，气泡体积会略有膨胀。气体-水过饱和溶液在压力突然降低时能形成大量微小泡核的一个关键是，要有足够的流动速度。溶气气浮中所用的释放器就是为此目的而设计的。

溶气气浮过程所产生的气泡尺寸大多在 $20 \sim 120\mu m$ 范围，气泡尺寸分布多为正态分布。设计良好的释放器所形成的气泡，绝大多数尺寸应在 $40 \sim 80\mu m$ 范围。在气浮池内，气泡上浮速度如果过大，会因气泡的湍流流动干扰气泡-絮凝体的上浮，甚至会将絮凝体冲碎。

八、其他分离方法

除了上述 6 个主要的采出液处理原理外，还有一些其他的分离方法，如过滤、膜分离、吸附、微波和生物法。每种方法都有其各自特点，因此应用场合不同。对于乳化油而言，过滤法和膜分离法比较适合，过滤法能够有效去除粒径大于 2μm 的油滴，但滤料需要定期反冲洗，且反冲洗的操作要求较高；而膜分离能够有效除去溶解油，出水水质较好，可以去除 1μm 以下的油滴，但膜易污染，清洗困难，运行成本高。吸附法和生物法适用于处理溶解油，且对 1μm 以下的油滴都能有效去除，但吸附法运行费用高，吸附剂饱和后需要再生，生物法对初始水质要求高，需要专人维护。

微波能够对物质进行加热的同时产生高频变化的电磁场，破乳效果较好。微波分离法的作用原理可以分为两个方面。一是，微波法是利用微波辐射进行破乳，微波破乳可以形成高频变化的电磁场，使极性的水分子和带电液珠随不断变化的电场高速旋转变化，扰乱电荷的有序排列，破坏油水界面膜的 Zeta 电位。当水(油)分子失去 Zeta 电位的作用后，通过碰撞聚结达到油水分离的目的。二是，微波选择性地加热，使水的平均体积膨胀率比油相体积膨胀率大，削弱界面膜的强度，导致水滴在碰撞的过程中聚集沉降；随着温度的升高，界面膜内油的溶解度增大，机械强度变低，将容易破裂，非极性的油分子被磁化后容易形成涡旋电场，使油的黏度降低，油水的密度差增大，这都加速了凝聚的过程，从而实现油水分离。

生物法是微生物通过消耗原油乳状液中赖以生存的表面活性剂，改变乳化剂的生物结构，破坏乳状液，达到破乳的作用；或者通过微生物在新陈代谢过程中可以分泌出表面活性剂的代谢产物，而这些代谢产物是良好的破乳剂，从而也可以达到破乳的效果。生物破乳剂具有较高的环保效果，脱水快、技术新颖以及脱水率相对较高，并且在此基础上运行费用相对较低。

超声波处理不仅能耗相对较低，而且不会造成二次污染。超声波与媒介的作用可以分为热机制和非热机制两种。热机制可以降低原油的黏度和油水界面膜的强度；非热机制有利于小水珠的聚结和沉降。影响超声波脱水效果的因素主要有超声波频率、声强、辐照时间、试验温度和沉淀时间等。研究表明，超声波频率、声强和辐照时间对超声处理的效率影响最为显著。基本规律为，某一温度下的原油，超声波频率越低，超声波场分布越均匀，衰减越慢，有效辐射距离也就越大，因此脱水效果就越好。而且超声波声强存在一个最优范围，当声强过低时，脱水效果差，声强过高又极易造成二次乳化。因此，针对特定的油品而言，存在一个最优的声强，此时脱水效果最好。对于不同油品，辐照时间也存在一个最佳值。

参考文献

[1]冯叔初，郭揆常．油气集输与矿场加工[M]．中国石油大学出版社，2006.

[2]姬蕊，冯宇，全雷，等．长庆油田高含水期原油脱水工艺探讨[J]．石油和化工设备，2017，20(6)：4.

[3]吴迪，孙福祥，孟祥春．大庆油田三元复合驱采出液的油水分离特性[J]．精细化工，2001，18(3)：4.

[4]夏福军，王庆吉．大规模压裂采出液脱出水处理技术研究[J]．工业用水与废水，2020，51(3)：4.

[5]陈明．二氧化碳驱油采出液的管道集输研究[J]．云南化工，2017，44(12)：2.

[6]李庆，云庆，王坤，等．中高成熟度页岩油及致密油地面工程建设模式及工艺技术[J]．油气与新能源，2021，33(4)：8.

[7]许锦华，郝大顺，张元军，等．小断块油田采出液处理系统研究[J]．中国设备工程，2020，(7)：3.

[8]童理．海上稠油油田采出液脱水处理技术研究[J]．化学与生物工程，2022，39(1)：4.

[9]周立坤，滕厚开，葛庆峰，等．海上低渗油田采出液回注绿色工艺技术开发[J]．工业水处理，2021，41(2)：5.

[10]刘义刚，姚光源，肖丽华，等．海上油田含聚合物采出液处理研究[J]．精细石油化工，2020，37(4)：5.

[11]孙培京，尹先清，肖清燕，等．原油采出液脱水技术研究进展[J]．应用化工，2013，42(1)：5.

[12]俞接成，陈家庆，王春升，等．紧凑型气浮装置油水预分离区结构选型的数值研究[J]．过程工程学报，2012，12(5)：6.

[13]袁良秀．管道式油水分离技术处理稠油采出液工业试验[J]．中国石油石化，2017(10)：127 - 128.

[14]尚超，王春升，郑晓鹏，等．海上油田原油静电聚结高效脱水技术研究[J]．海洋工程装备与技术，2017，4(5)：6.

[15]陈家庆，刘涛，王春升，等．海上油气田采出水处理技术的现状与展望[J]．石油机械，

2021, 49(7)：11.

[16]杨蕾，宋奇，郭鹏，等．高含水油田预分水技术现状及发展趋势[J]．天然气与石油，
2018，36(5)：5.

[17]丰国斌，杨芳圃．高含盐油田采出水处理技术研究与应用[J]．石油规划设计，2006，17
(4)：3.

[18]祝威．高温高盐池田采出水生化处理研究[J]．西南民族大学学报(自然科学版)，2003，
29(S1)：5.

[19]亓颖栋．轮南油田污水处理及注水系统工艺研究[J]．城市建设理论研究，2014，000
(012)：1 – 7.

[20]王波．浅析稠油采出液脱水技术研究进展[J]．山东工业技术，2014，(15)：47.

[21]刘义刚，姚光源，肖丽华，等．海上油田含聚合物采出液处理研究[J]．精细石油化工，
2020，37(4)：5.

[22]吴迪．化学驱采出液破乳剂的研究和应用进展[J]．精细与专用化学品，2009，17(24)：
21 – 25.

[23]吴迪，林森，张会平，等．高剪切流场和含水率对驱油剂产出高峰期三元复合驱采出液
油水分离特性的影响(一)[J]．精细与专用化学品，2022，30(2)：9.

[24]陈家庆，王强强，肖建洪等．高含水油井采出液预分水技术发展现状与展望[J]．石油学
报，2020，41(11)：11.

[25]梅洛洛，洪祥议，王盛山，等．深水多相分离技术研究进展[J]．石油矿场机械，2015，
(15)：47.

[26]何玉辉．含油污水处理技术的发展[J]．油气田地面工程，2002，21(5)：2.

[27]李启成，邹文洁．含油污水分离动态旋流器湍流流场特性研究[J]．机械设计与研究，
2011，27(1)：3.

[28]张大群．污水处理机械设备设计与应用．第2版[M]．化学工业出版社，2012.

[29]Al – Ghouti M A，Al – Kaabi M A，Ashfaq M Y，et al. Produced water characteristics，treatment
and reuse：a review[J]. Journal of Water Process Engineering，2019，28：222 – 239.

[30]刘富山，崔磊，张虹．离心机在蓬莱19 – 3油田上的应用[J]．石油天然气学报，2010，
32(5)：3.

[31]张贤明，潘诗浪，陈彬，等．油水乳化液破乳动力学研究进展[J]．流体机械，2010，38
(6)：8.

[32]吴迪，孟祥春，赵凤玲，等．油水分离剂在化学驱采出液和含油污水处理中的应用[J]．
精细化工，2004，21(01)：26 – 28.

[33]唐果，段明，张健，等．阳离子型聚丙烯酰胺对聚驱采出液的协同破乳效果研究[J]．油
田化学，2010，27(3)：323 – 327.

[34] 赵景霞，回军，王有华，等．ZB4109 絮凝剂的研制及应用[J]．工业水处理，1999，000 (001)：3-6.

[35] 杨旭，赵立新，刘琳，等．静电聚结技术在油水分离中的研究及应用进展[J]．化学通报，2018，81(1)：7.

[36] 金有海，胡佳宁，孙治谦，等．高压高频脉冲电脱水性能影响因素的实验研究[J]．高校化学工程学报，2010，24(6)：6.

[37] 冯小刚，黄大勇，叶俊华，等．高频脉冲原油脱水技术在页岩油处理中的应用[J]．油气田地面工程，2021，40(10)：6.

[38] 黄卫星，何雄元，邓朝俊，等．聚结板强化油水分离过程的机理研究[J]．工程科学与技术，2017，49(7)：191-196.

[39] 高智芳，刘进立，王笃金，等．聚结滤芯的结构和材料分析[J]．液压与气动，2015，(1)：16-19.

[40] 朱锡海，任欣，陈卫国．气浮分离技术研究现状与方向[J]．水处理技术，1991，17(6)：355-360.

[41] 阿依夏木·牙克甫．原油脱水处理工艺的优化措施[J]．石化技术，2020，27(12)：2.

[42] 于凯，王振波，金有海，等．稠油采出液脱水技术研究进展[J]．油气田地面工程，2013，32(9)：3.

第2章 采出液相分离设备

油田生产是将地下油层中的原油采集到地面，并且将其处理成商品原油的过程。伴随原油开采出的还有伴生天然气、泥沙和地层水。在开发的中后期，为了提高原油采收率，常采用注水开发方式，向地层中注入水将原油驱往油井。随着开发的不断深入，为了提高油井采出率，还会采用聚合物驱、二元驱、三元驱等化学驱油技术。这些强化采油的措施增加了油田采出液的复杂程度，也提高了原油处理的难度。为了使油井产物满足储存和运输的标准，最终成为符合标准的商品原油，必须脱除油井产物中的伴生气、采出水、泥沙等杂质。

采出液相分离设备是油田采出液初次进行处理的设备，主要目的是实现原油、伴生气、采出水和泥沙的相分离，为后续各相产物的进一步净化处理提供基础。传统的采出液相分离设备就是实现油气分离的设备，将从油井收集的油气水混合物进行气液分离的设施。随着油田采出水含量不断升高，油气分离设备逐渐为油气水分离设备所代替(如卧式三相分离器)，除了将原油和伴生气分开，还可以实现油田采出水的分离。当油田采出液包含较多固体杂质时，立式分离器也是实现油气分离的选择之一。立式分离器可以在底部设置排污口定期排污，且占地面积小，对海洋油气田至关重要。除了上述利用重力作用实现油气分离的设备外，离心式、过滤式和聚结式分离器也有应用。

尽管实现油水分离的设备结构多种多样，但设备优化和研发的核心问题就是，针对不同性质的油田采出液如何高效、经济地进行气液分离。衡量分离设备的重要指标就是分离效率，此外压降、处理量、设备外形尺寸、制造成本的参数也必须考虑。但是由于各油气田所产油气组成和物性各异，因而同一台分离设备在不同油气井甚至在同一油井的不同开发阶段，其分离性能也可能发生显著差异。众多研究人员针对分离设备的普适性，以及如何扩大分离设备的应用范围也进行了大量的研究，遗憾的是仍未有定论。

第1节 传统的油气分离设备

一、油气分离设备类型

油田使用的分离器种类众多，按照其结构分类可以分为卧式油气分离器、立式油气分离器、球形油气分离器和卧式双筒体分离器等，但油田常用的主要为前两种。

按照分离器的分离原理可以分为重力式、离心式、过滤式、聚结式和混合式等。按分离器的功能可分为计量分离器和生产分离器、从高气液比流体中分离夹带油滴的涤气器、用于分离从高压降为低压时的液体及其释放气体的闪蒸罐、用于高气液比管线分离气体和游离液体的分液器等。按其工作压力可分为真空（＜0.1MPa）、低压（＜1.5MPa）、中压（1.5~6MPa）和高压（＞6MPa）分离器等。按其工作温度可分为常温和低温分离器。

还有某些具有特定功能的分离器，如用于集气系统和气液两相流管线、既能气液分离又能抑制气液瞬时流量间歇性急剧变化的液塞捕集器，用与海上平台可实现高效气液分离的气液圆柱形旋流分离器等。

二、油气分离方式和分离级数

1. 油气分离方式

油田采出液从油井采出后，沿集输管网流动过程中，随着压力降低，溶解在液相中的气体不断析出。对于这些不断析出的气体，是不断从管系中引出，还是积累到一定程度后从管系内引出，取决于油气的分离方式。分离方式主要有3种，即一次分离、连续分离和多级分离。

一次分离是指混合物的气液两相在保持接触条件下逐渐降低压力，最后流入常压储罐，在罐内实行气液分离。某些气油比很小或基本不含气的重质原油，油井尚未纳入集输系统，油井产物直接排入设在井场的高架罐内，靠汽车将油拉往集中处理站，这就是一次分离。对一般油井，一次分离方式有大量气体从储罐内排出，同时油气进入油罐时冲击力很大，实际生产中并不采用。

连续分离指随油气混合物在管路内压力的降低，不断地将析出的平衡气排出，直至压力降为常压，平衡气亦最终排出干净，剩下的液相进入储罐。连续分离也即微分分离或微分汽化，在现实生产中也很难实现。

多级分离是指在油气两相保持接触条件下，压力降到某一数值时，把降压过程中析出的气体排出；脱除气体的原油继续沿管路流动，压力降到另一较低值时，把该段压降过程中从油中析出的气体排出。如此反复，直至系统的压力降为常压，产品进入储罐为止。每排一次气，作为一级；排几次气，称为几级分离。由于储罐压力总低于其进油管线的压力，在储罐内总有平衡气排出，但习惯上不把储罐计入多级分离的级数内，因而在集输过程中所经过的分离器数即为分离级数。图2-1为典型的一级分离流程。

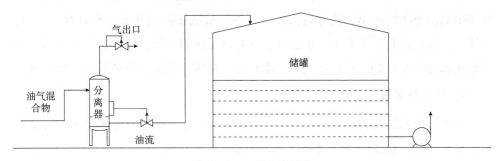

图2-1 一级分离流程

2. 油气分离级数

从理论上讲，分离级数越多，储罐中原油收率越高。但过多增加分离级数，储罐中原油收率的增加量将越来越少，投资上升，经济效益下降。生产实践证明：对于油气比较高的高压油田，采用三级或四级分离，能得到较高的经济效益；但对于油气比较低的低压油田(进分离器的压力低于0.7MPa)，采用二级分离经济效益较好。

在选择分离压力时，要按石油组成、集输压力条件，经相平衡计算后，选择其优者。一般来说，采用三级分离时，一级压力范围控制在0.7~3.5MPa，二级分离压力范围控制在0.07~0.55MPa，若井口压力高于3.5MPa，就应考虑四级分离。

确定多级分离各级间压力比的简便的经验公式：

$$R = \sqrt[n-1]{\frac{p_1}{p_n}} \qquad (2-1)$$

式中，n 为分离级数；p_1，p_2，$\cdots$，p_n 为各级间绝对操作压力，Pa。

三、重力式油气分离设备结构及工作原理

重力式油气分离设备主要有卧式分离器和立式分离器。不论卧式还是立式结构，分离器内部主要组成部分大体相同，一般包括：①入口分流器，使入口油气混合物的动量减小，气液得到初步分离，并使气液在各自的流通面积上有均匀的流速；②重力沉降区，在该区内气体流速减小，湍流度降低，利用重力使气体夹带的油滴沉降至集液区；③集液区，为液体提供必要的停留时间使液体进一步脱气，收集从重力沉降区和捕集器分出的液体，平衡进液量和排液量的不均衡，即有一定的缓冲作用；④捕雾器，利用一系列折板、丝网垫或产生离心力部件，从气流中截留更小的油滴，使分离器出口气体的带液量控制在某一允许数量之下；⑤压力、液位控制；⑥安全防护部件，分离器是压力容器，按规定应在容器上安装防止超压的安全阀，有时还装有易爆片与安全阀一起保护分离器的安全运行。

1. 卧式分离器结构

卧式分离器的结构示意图如图2-2所示。进入分离器的流体经入口分流器时，油、气流向和流速突然改变，使油气得以初步分离。

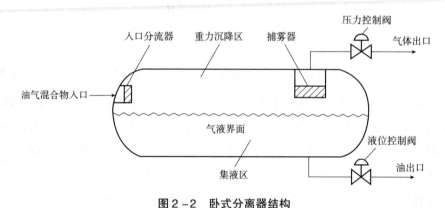

图2-2　卧式分离器结构

经入口分流器初步分离后的原油在重力作用下流入分离器的集液区。集液区需要有一定体积，使原油流出分离器前在集液区内有足够的停留时间，以便被原油携带的气泡有足够时间上升至液面并进入气相。同时集液区也提供缓冲容积，均衡进出分离器原油流量的波动。集液区原油流经分离器全长后，经由液面控制器控制的出油阀流出分离器。为获得最大气液界面面积和良好的气液分离效果，常将气液界面控制在0.5容器直径处。

来自入口分流器的气体水平地通过液面上方的重力沉降区，被气流携带的油滴在该区内靠重力沉降至集液区。未沉降至液面的、粒径更小的油滴随气体流经捕雾器，在捕雾器内聚结、合并成大油滴，在重力作用下流入集液区。脱除油滴的气体经压力控制阀流入集气管线。分离器工作压力由装在气体出口管线上的控制阀控制，液位由液体排出管上的控制阀控制。

除图2-2所示的单筒卧式分离器外，还有很多其他形式的卧式分离器，如新型泡沫原油油气分离器(见图2-3)。油气混合物以一定的角度自上而下沿切向进入旋流预分离器，在离心力作用下，油、气得到初步分离。气体在气体除雾伞中初步除雾后，通过连通管切向进入分气包，该部分气体不占用分离器筒体空间，减少了气液界面的扰动。分离后的液体在布液管中均匀流出，在拉泡器上均布和强制机械破泡，再经过稳流和缓冲从油出口排出。破泡溢出的气体经过气体稳流板、丝网除雾器与连通管中的气体一起从气出口排出。

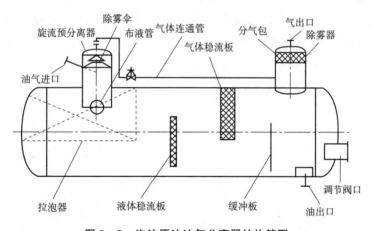

图2-3　泡沫原油油气分离器结构简图

旋流预分离器进口为倾斜式切向管，倾斜式切向管使油气混合物在进入管柱式预分离器时有一个预分离过程，再经管柱式预分离器进行旋流离心分离，其气液分离速度高于重力分离数10倍，能够促进分离和缩短气液分离时间。分离器内设拉泡器，使其在有限的空间内最大限度地增大气液两相接触面积，并利用机械强制破泡技术，缩短气泡破裂时间，使以分散形式存在的气体尽快进入气体连续相。布液管使泡沫原油在拉泡器的整个截面均匀分布，有效利用了破泡板组的面积。分离器的初分离区和分气包分别设置了气体分离伞、丝网除雾器，气体经过两级分离，气体除液率高。此种泡沫原油油气分离器适用于稠油的油气分离，气体除液率可达95%以上。装置中配有油气调节阀，由浮子连杆机构操控调节阀油、气出口的开度，可自动调节分离器的液面，保持液面的稳定。

2. 立式分离器结构

立式分离器的结构示意图如图2-4所示。立式分离器的工作原理和卧式相同，但分离器内气体携带油滴的沉降方向与气流方向相反，液体内夹带气泡的上浮方向和液体的流动方向相反。

立式分离器的分离主要可分为4个阶段，如图2-5所示。①初级分离段：气流入口处，气流进入筒体后，由于气流速度突然变低，成股状的液体或大的液滴由于重力作用被分离出来直接沉降到积液段。为了提高初级分离的效果，常在气液入口处增设入口近水挡板或采用切线入口方式。②二级分离段：沉降段，经初级分离后的气流携带着较小的液滴向气流出口以较低的流速向上流动。此时由于重力的作用，液滴则向下沉降与气流分离。③除雾段：主要设置在紧靠气体流出口前，用于捕集沉降段未能分离出来的较小液滴（10～100μm）。微小液滴在此发生碰撞、凝聚，最后结合成较大液滴下沉至积液段。④积液段：主要收集液体。一般积液段还应有足够的容积，以保证溶解在液体中的气体能脱离液体而进入气相。分离器的液体排放控制系统也是积液段的主要内容。为了防止排液时的气体旋涡，除了保留一段液封外，也常在排液口上方设置挡板类的破旋装置。

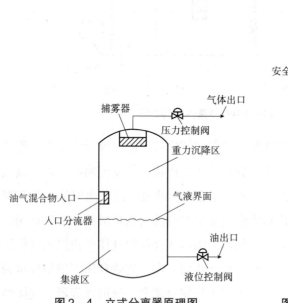

图2-4 立式分离器原理图

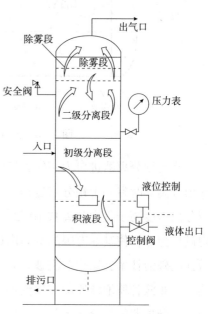

图2-5 立式分离器主要分离区域

3. 卧式与立式分离器比较

在立式分离器重力沉降和集液区内，分散相运动方向与连续相运动方向相反，而在卧式分离器中两者相互垂直。显然，卧式分离器的气液机械分离性能优于立式。在卧式分离器中，气液界面面积较大，有利于分离器内气液达到相平衡。因而，无论是平衡分离还是机械分离，卧式分离器均优于立式，即在相同气液处理量下，卧式分离器尺寸较小、制造成本较低。同时，卧式分离器有较大的集液区体积，适合处理发泡原油和伴生气的分离以及油气水三相分离。来液流量变化时，卧式分离器的液位变化较小，缓冲能力较强，能向下游设备提供较稳定的流量。卧式分离器还有易于安装、检查、保养，易于制成撬装装置等优点。

立式分离器适合于处理含固体杂质较多的油气混合物，可以在底部设置排污口定期排污。卧式分离器在处理含固体杂质较多的油气混合物时，由于固相杂质有 45° ~ 60° 的休止角，在分离器底部沿长度方向常需设置若干个排污口，还很难完全清除固相杂质。

立式分离器占地面积小，这对海洋采油、采气至关重要。由于高度限制，公路运输撬装立式分离器时也不如卧式分离器方便。

总之，对于一般的油气分离，特别是可能存在乳状液、泡沫或用于高气油比油气混合物时，卧式分离器较经济；在气油比很高和气体流量较小时（如涤气器），常采用立式分离器。

油气分离器应满足的要求如下：初分离段应能将气液混合物中的液体大部分分离出来；储液段要有足够的体积，以缓冲来油管线的液量波动并使油气自然分离；有足够的长度或高度，使直径 $100\mu m$ 以上的液滴能够靠重力沉降，以防止气体过多地带走液滴；在分离器的主体部分应有减少紊流的措施，保证液滴的沉降；要有捕集油雾的除雾器，以捕捉二次分离后气体中更小的液滴；要有压力和液面控制。

4. 球形分离器

典型的球形分离器如图 2 – 6 所示，在图中可以找到相同的 4 个部分。球形分离器是一种特殊的分离器，其上下两端为开口。流体通过入口分离器进入容器，在此处流体被分成两股。液体通过恰好处于气液界面以下平板的开口落至集液区。流经平板的薄液体层很容易分离夹带气体并使其上升到重力沉降区。脱出液体后的气体通过捕雾器并通过气体出口离开分离器。液位通过连接放卸阀的浮

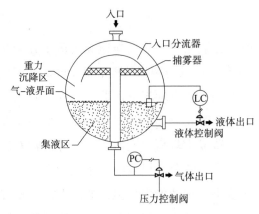

图 2-6　球形分离器示意图

子控制，而压力由回压阀控制。

球形分离器的最初设计从原理上说，既吸收了卧式分离器的优点，也采用了立式分离器的特性。但在实际中，球形分离器性能并不一定好，而且很难确定分离器尺寸，难以操作。也许球形分离器易于控制压力，但首先它限制了冲击体积，其次加工难度大，很少用于油田处理设备。

5. 重力式油气分离设备工作原理

油气分离设备的结构和内部部件种类繁多，但最终的目的是通过沉降和碰撞的原理，将溶解于原油的气体以及气体中的重组分在分离器的控制条件(压力和温度)下尽可能地析出，使油气混合物接近相平衡。对于常见的重力式油气分离器的指标是，从气体中带出的液体量不超过 50mg/m³，且将直径大于 10μm 的油滴从气体中除去。

1)沉降分离

沉降分离是依靠油滴和气体的密度差实现分离的一种常用方法。气体中的油滴以一定的沉降速度沉降，在该速度下，当油滴通过连续相气体时，作用在油滴上的重力与曳力相等，这个沉降速度与其分离效率紧密相关。

若油滴周围流体的流态为层流，根据斯托克斯定律可以得到油滴的沉降速度计算式：

$$v_t = \frac{0.556 d_o^2 (\rho_1 - \rho_g)}{\mu_g} \qquad (2-2)$$

式中，v_t 为油滴均匀沉降速度，m/s；d_o 为油滴直径，m；ρ_1、ρ_g 分别为油滴和气体密度，kg/m³；μ_g 为气体的动力黏度，Pa·s。

2)碰撞分离

除了依靠重力原理外，在捕雾器或碰撞聚结构件内油滴的分离还依赖于碰撞分离作用。利用油滴间的碰撞作用把在沉降分离中未能除去的较小的油滴除去。在这种碰撞聚结构件内(如捕雾器)流道形状是弯曲的，气体携带着油滴进入捕雾器，在其中沿着流道形状而不停转向，由于油滴的密度比气体大，惯性也大，油滴不完全随气流改变运动方向，于是就碰撞到润湿的结构上被吸附。这些小油滴不断被吸附，直径增大，沿捕雾器结构垂直面流下。

四、几种典型的其他结构油气分离器

1. 柱状油气旋流分离器

柱状油气旋流分离器具有体积紧凑、处理量大、压降较小、结构简易、方便维护等优点。柱状油气旋流分离器（GLCC，Gas – Liquid Cylindrical Cyclone）是带有倾斜切向入口和气体及液体出口的垂直管（见图2-7）。气液混合物由切向入口进入旋流分离器，形成的旋流产生了比重力高出许多倍的离心力，由于气液相密度不同，所受离心力差别很大，重力、离心力和浮力联合作用将气体和液体分离。液体沿径向被推向外侧，并向下由液体出口排出；而气体则运动到中心，并向上由气体出口排出。

2. 螺旋导流板式分离器

螺旋导流板式分离器的结构如图2-8所示，其内部设置了螺旋导流板，油气通过螺旋通道进入分离器，利用二者密度差不同产生离心力来进行分离。气体从液体中分离出来后，通过螺旋通道内壁面上的孔道进入气体环形通道，然后向

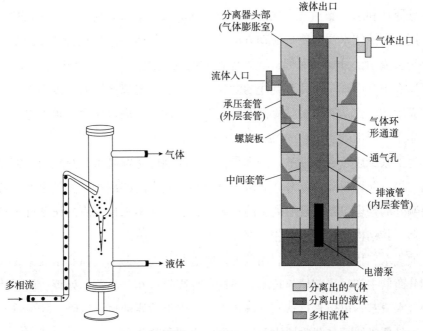

图2-7　柱状油气旋流分离器示意图　　图2-8　螺旋导流板式分离器结构图

上进入气体膨胀腔，最后在自身压力下排出分离器。脱气液体向下流到分离器底部，经电潜泵增压后由液体排出管线排出。E. S. Rosa 等人研究了影响螺旋导流板式气液旋流分离器性能的各种因素，他们使用数值模拟和试验方法对 3 种不同结构参数的分离器进行了研究。研究结果主要有：螺旋导流板式气液分离器上部的锥形筒体和直筒式相比并不能有效地提高分离效率，相反却增加了系统的复杂性；为了保证较高的分离效率，入口喷嘴的喷出速度必须在一定的范围内；入口喷速过高会使分离器内部出现液体攀壁和雾化等现象，而入口喷速过低会使分离器内部出现液膜堆积和溢满现象；弗洛德数在 1 ~ 10 的范围内可以确定较合适的入口速度范围；液膜相对于喷嘴中心线的高度可以用经验公式计算；在分离器螺旋通道的下部出口处极易出现液膜中含有分散气泡的现象。

第 2 节　油气水分离设备

一、油气水分离设备结构

随着油田进入开发中、后期，采出液含水率越来越高。为了适应脱水的要求，国内外各石油公司相继开发了多种三相分离器，在脱除天然气的同时，分出大部分原油和水。当油气水从分离设备中部的入口进入分离器后，在入口导流器的作用下，油气水混合物的流动方向发生改变，气体会聚集在分离器顶部，油水混合物会流动到分离器底部，随着停留时间的增加，油水混合物也会发生沉降，分离器底部会出现一个相对纯净的游离水层，这个游离水层的厚度会随着时间的增加而增加，到达峰值后就算停留时间继续增加，游离水层也不再加厚。这层在重力作用下脱出的水被称为"游离水"。

为了减少后续含水原油的处理量，降低原油电化学脱水的热负荷，需要在相分离时尽可能地脱除这部分游离水。有时采出液中的游离水含量较多时，甚至还需要额外的处理设备实现游离水的预脱除，进行游离水预脱除的设备称为游离水脱除器，其结构与油气水三相分离器相近。

油气水三相分离器主要利用重力沉降进行分离。为了提高脱水效率，在这些三相分离器中广泛采用填料技术。通过各种高效三相分离器的处理，轻中质原油中的含水量基本可以直接达到外输要求，而中重质原油也可以降到较低含水，故极大地降低了原油热化学脱水和原油电脱水前的热负荷。

1. 油气水卧式分离器结构

油气水卧式分离器结构如图2-9所示。与油水卧式分离器结构类似，油气水卧式分离器也包含入口导流器、除雾器、压力控制阀。入口导流器主要用于改变入口混合物流动方向，除雾器主要用于进一步脱除气体中携带的微小油滴，压力控制阀主要用于控制卧式分离器内部压力。不同的是，油气水卧式分离器中还设有用于油水分离的油室和水堰等结构。

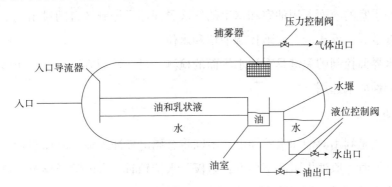

图2-9 油气水卧式分离器结构

此外，大部分油气水卧式分离器的入口导流器会设有一个下水管，将液流引入油水界面以下。这使得进入分离器的油水混合液与罐底水层混合，其中油滴上升至油水界面，这个过程称为"水洗"。水洗可以促进进入油相的水珠聚沉。

入口导流器使入口油气水混合物中液流携带的气体减少，水洗则是为了避免液流在油气界面或油水界面之上而产生的油水界面分离困难。液位控制阀可以控制水层位置。

2. 油气水立式分离器结构

油气水立式分离器结构如图2-10所示。与卧式分离器结构类似，油气水由入口进入分离器。入口分流器会分离大部分气体。液体会沿着降液管穿过油气界面和油水界面，可以对来流进行"水洗"。油相中的游离水会随着油相的上浮而分离，水滴和油相运动方向相反。类似地，在水相的下沉过程中，水相中的油滴也会与水相运动方向相反而向上浮。

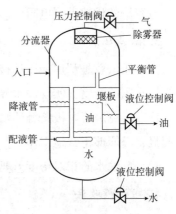

图2-10 油气水立式分离器结构

二、油气水三相分离器的油水界面控制

不论是卧式三相分离器还是立式三相分离器，油水界面控制的方式相同，主要有3种。一种是用界面浮子控制排水阀开度，使油水界面保持在一定高度范围内。另一种是用油堰控制气液界面，全部原油在排出容器前必须上升至油堰高度，所以分离器流出的质量较好。还有一种是在容器内设置油堰和水堰，控制进入油室和水室的液面，用油室和水室的气液界面浮子控制各自的排出阀，由于气液密度差较大，浮子能有效地控制油位和水位。

油水界面控制的关键是对油水界面的检测。目前检测方法较多，实践中应根据油水的性质来选用。

1. 电阻法

电阻法是利用原油和水的导电性不同将金属电极插入油水界面附近。当原油和电极接触时，原油电阻高不导电；电极与水接触时，水电阻低导电。通过电阻大小变化来操纵排水阀的开度，控制油水界面相对恒定。

优点：可以准确地获得水位变化，外来干扰少。

缺点：由于原油所含污水矿化度高，致使电极腐蚀、结垢，电极挂油后，易造成阀误动作。

2. 电容法

将外包绝缘材料的金属电极插入三相分离器油水界面处，电极与水面构成电容，当界面升降时，电容发生变化，显示水面高低，操作出水阀的开度。

电容法的优缺点同电阻法。

3. 微差压法

微差压法就是利用差压计接受油水界面变化所引起原油和静水压差的变化来操纵出水阀的开度，实现油水界面的控制。

优点：克服了电极接触油水介质造成的腐蚀、结垢的影响，无论油水界面是否明显，都能够正常地工作。

缺点：油水的相对密度差要求大于0.1，否则微差压计不能正常工作。

4. 短波吸收法

短波吸收法是将电能以电磁波的形式传到油水介质中。根据油、水吸收电能的差异来测量两种介质的量，从而控制油水界面。

优点：克服了电极易腐蚀、结垢、挂油等现象，界面控制稳定可靠。

缺点：成本高，需要有专门的仪表维修工进行仪表的维护保养。

以上4种检测方法都存在着各种不同的优缺点，目前短波吸收法已在界面检测中得到了广泛运用。

三、典型的油气水分离设备

1. 游离水脱除设备

随着油气田开发的不断深入，油井采出液含水逐步上升，所含的水是由两种性质不同的水组成的：一种叫游离水，通过一段时间的沉降可以明显分层，沉在设备底部；还有一叫作乳化水，是由原油和水经管件、阀门或仪器仪表剪切，在沥青、树脂等天然乳化剂的作用下形成稳定的乳状液。第一种可以通过重力沉降、离心分离等机械方法顺利脱除；第二种则无法单纯地依靠机械方法脱除。

对于一些采出液含水较多的油井，在加热或电化学脱水之前可以通过游离水脱除设备先将采出液中大部分游离水脱除，有利于降低原油加热或电化学脱水的热负荷。

简单游离水脱除器结构如图2-11所示，其结构与油气分离器类似。游离水脱水器主要由入口分流器、防波板、界面控制阀等组成。油井产物从入口进入装置，低含气量的采出液经过布液器，进入分离器的液相，进一步进行油水分离。防波板对来液进行整流，保证来液流态的稳定。为了保证设备的稳定高效运行，在游离水脱除器下部设排污口。游离水脱除器只进行游离水的分离，原油和天然气不进行分离，油和天然气通过油气出口一起分离出游离水脱除器，分离出的污水含油量比较高，原油含水量也比较高，是一种预分水装置。

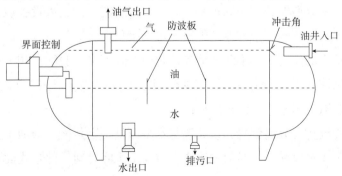

图2-11　游离水脱除器结构

2. HNS 型三相分离器

HNS 型三相分离器由河南油田设计院研制设计，在全国 11 个油田推广使用 120 台，其结构如图 2－12 所示。油、气、水混合液进入预脱气室，靠旋流分离 及重力作用脱出大量的原油伴生气，该气体与分离器内脱出的残余气体一起进入 气包，经捕雾器除去气中的液滴后流出设备，经流量计计量、压力控制后进入站 外气体集输系统。而预脱气后的油水混合液（夹带少量气体）经导流管进入分配 器和水洗室，在经过含有破乳剂的活性水层洗涤破乳、高效聚结填料的整流及稳 流后，有效地降低了来液的流动雷诺数，加快了油、水分离的速度，提高了油、 水分离的效果，再通过沉降分离室的进一步沉降分离后，脱水原油翻过隔板进入 油室，并经液位控制、流量计计量后流出分离器；含油污水靠压力平衡经导水管 进入水室，经液位控制、流量计计量后流出分离器，从而达到油、气、水三相介 质分离之目的。

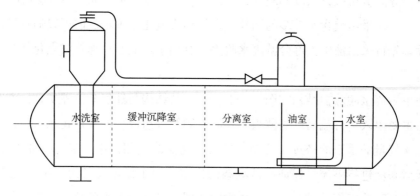

图 2－12　HNS 型三相分离器结构

3. 仰角式油水分离器

仰角式油水分离器的工作原理是：高含水油水混合物进入设备后，首先在密 度差的作用下，油相聚集于容器的上段，水相聚集在容器的下段；而后油相聚集 段的水滴在重力的作用下，不断从油连续相中沉降下来，脱除油相中的水；而水 相聚集段的油滴在浮力的作用下，不断从水连续相中浮升上来，除去水相中的 油。俄罗斯和欧美国家已广泛推广应用。

相比于传统重力分离装置，该装置与水平面呈一定角度，增加了油滴的浮升 面积，增大了排水口和油水界面的距离，减少了沉降时间。仰角式油水分离器见 图 2－13。

国外先后开发出了两种规格(直径1.372m×18.3m和直径0.9m×18.3m)的仰角式油水分离器,目前国外一些公司先后在世界各地推广应用了50多套仰角式分离器。仰角

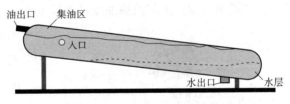

图2-13　仰角式油水分离器结构

式油水分离器脱水后水中含油量最低75mg/L,可满足高渗透油田回注要求。仰角式油水分离器先后在大庆、大港等油田得到推广应用,但分水效果不理想,且出水含油量在1000mg/L以上。

4. 一体化高效三相分离器

一体化集成装置可以简化地面工艺,节约工程用地。通过改变建设模式,将传统的分散设备集成在一起,可以减少设备用地。利用高效三相分离器的预分离脱气技术、水洗破乳技术、聚结脱水技术及高效除雾技术提高油、气、水分离效果;通过一体化集成技术,可以有效缩短工艺流程,节约占地面积;多层取样技术可以保证随时观察三相分离器工作运行情况。一体化高效三相分离器由三相分离器和天然气干燥器组合而成,结构示意图如图2-14所示。

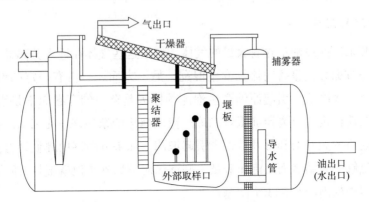

图2-14　一体化高效三相分离器结构

油、气、水混合物进入三相分离器后,首先进行气、液预分离,靠离心作用和重力作用分离出大部分气体,分离出的气体经外部管线输送至捕雾器,然后和后端分离出的气体经捕雾器脱除小液滴后,一起进入天然气干燥器进行处理,干燥器处理后的气体流出装置。

预分离后的液体经水洗作用后向三相分离器另一端流动,依靠重力作用,实现游离水和原油的分离。油、水混合物流经聚结器时,可以促进小水滴的聚结沉

降，提高脱水效率。上部的原油经过堰板进入油室，下部的污水经导水管进入水室。油室和水室中的液体经出口排出三相分离器。

5. 新型柱状油气旋流分离器

新型柱状油气旋流分离器在传统柱状油气旋流分离器基础上，对入口进行了改进，增加了段塞流处理装置，以处理汇管后可能形成的段塞流。同时，控制系统增加了断塞流智能判断模块，通过液位变化率和液位控制阀的阀位计算，判断断塞流强度并反馈压力液位控制，对阀门进行突发性控制。新型柱状油气旋流分离器的结构如图 2 - 15 所示。

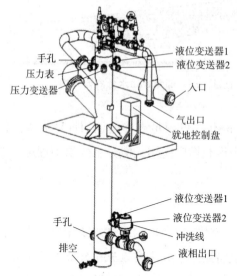

图 2 - 15　新型柱状油气旋流分离器结构

四、影响设备效率的因素

1. 泡沫的影响

从油井采出的原油中含有大量的气体，如果这些气体在进入分离器之前不经过处理，一方面会使设备内流场发生混乱，另一方面还会占有一定的设备空间，使设备效率大大降低。引起原油产生泡沫的原因是杂质的存在而不是水的问题，这些杂质在流体进入分离器前很难除掉。造成泡沫的杂质之一是 CO_2。有时与井筒流体不配伍的完井液和修井液也会引起泡沫。如果分离器内部设计有足够的停留时间和足够的聚结表面使泡沫破裂，则泡沫对分离器来说就不是大问题。

分离器中的泡沫存在 3 个问题：

(1) 因为液位控制仪要控制三种液体而不是两种液体，因此该仪器负荷加重。

(2) 泡沫具有很大的体积重量比，所以它会在集液区和重力沉降区占据大量容器空间。

(3) 对未控制的井口区，在分离器的液体或气体出口不可能保证在去除分离气或脱气油时不携带泡沫物质。

2. 乳化的影响

在原油脱水过程中，常常因为管件的节流或流过弯头等各种情形，在原油进入分离设备前就形成了一定的油水乳状液。一方面，由于原油中存在沥青、树脂等天然乳化剂，若采用聚合物驱等开采方式，采出液中还可能含有一些表面活性剂，在流速较大时或流经管件、弯头时会形成较为稳定的乳状液，难以凭借机械方法脱除出去。另一方面，乳状液及其他杂质会在油水界面累积。这些累积物不仅会影响液位控制器，还会降低油、水在分离器中的有效停留时间，从而影响采出液的分离效果。

3. 粒径分布的影响

原油中水滴的下沉速度与油水的密度差、水滴的直径的平方成正比，与油相的黏度成反比。粒径分布是影响设备效率的关键性因素。对于不同的来液介质，其粒径分布是不同的，但总体上都近似服从正态分布。大致有 3 种情况：第一种情况是来液的粒径分布处于设备的临界粒径以下，细颗粒比较多。根据克托克斯定理，液滴的终端沉降速度与其粒径的平方成正比，所以该种介质的颗粒群总体沉降速度比较慢。换句话说，这种粒径分布将会使设备效率下降。第二种情况是介质的粒径分布在设备临界粒径左右，颗粒群大部分都可百分之百地分离，这种情况是设备的最佳运行状况，也是设计设备的依据标准。第三种情况是介质的粒径分布处于设备的临界粒径以上，这种情况虽然设备效率比较高，但设备体积有点过剩，所以不是最佳设计标准。

4. 停留时间的影响

一般停留时间越长，则分离效果越好。但停留时间的变长必然会带来设备尺寸的加大，所以对于停留时间的选择必须进行综合考虑，一般是在能够满足分离要求的前提下越短越好。在生产实际中使用的分离器由于水洗和湍流，会产生聚结使用。所以试验中所测得的停留时间要略大于实际设备中的停留时间。

5. 含蜡的影响

蜡堆积也会影响分离器性能，对于含有聚结部件和丝网捕集器的分离器而言，极易受蜡堆积堵塞的影响。若是处理蜡含量较高的油井产物，应尽量避免使用尺寸较小的聚结和捕集部件。同时合理控制分离器内液体温度也有利于抑制蜡的堆积。

6. 泥砂沉积的影响

进入分离器的生产水多少含有污油和泥沙，当分离器长时间运行之后，这些污油和泥沙很可能会堵塞分离器内部一些细小结构的孔径，降低分离器的处理效果。尤其是水力旋流器，堵塞是每台水力旋流器运行一段时间后都会面临的问题。旋流管溢油口尺寸一般只有 2mm 左右，在来液中油泥、悬浮颗粒较多的情况下容易堵塞，影响水力旋流器的除油效率。经研究发现，对长时间连续运行的水力旋流器要进行清洗保养，保持在线清洗和定期停机拆卸清洗的方法相结合，能有效保护水力旋流器旋流管，维持较好的工况。

参考文献

[1]杨兆铭，何利民，田洋阳，等．稠油在柱状旋流分离器中分离特性的数值模拟[J]．油气储运，2020，39(3)：7．

[2]白洋，王亚儒．海上油田污水处理系统研究[J]．企业科技与发展，2020，(6)：30 - 31．

[3]杨兆铭，何利民，罗小明，等．柱状旋流器在油水分离领域的研究进展[J]．石油机械，2018，46(3)：8．

[4]Rosa E S，Franc F A，Ribeiro G S. The cyclone gas – liquid separator：operation and mechanistic modeling[J]. Journal of Petroleum Science and Engineering，2001，32：87 – 101．

[5]汤清波，钱维坤，李玉军．HNS 型高效三相分离器技术[J]．油气田地面工程，2007，26(6)：16 – 17．

[6]魏立新，兰宁，王志成，等．仰角式游离水脱除器分离过程数值模拟[J]．科学技术与工程，2009，9(22)：6638 – 6641．

[7]周松，于刚．一体化高效三相分离器设计及应用[J]．油气田地面工程，2015，34(11)：3．

[8]李锐锋，陈家庆，姬宜朋，等．海洋油气开发用水下紧凑型多相分离技术[J]．石油机械，2012，40(10)：7．

[9]张琦，左丽丽，吴长春，等．原油泡沫稳定特性研究进展[J]．油气田地面工程，2020，39(2)：5．

[10]杨琳，梁政．液 – 液水力旋流器油水乳化机理研究[J]．石油机械，2007，35(12)：4．

[11]刘鸿雁，王亚，韩天龙，等．水力旋流器溢流管结构对微细颗粒分离的影响[J]．化工学报，2017，68(5)：11．

[12]王维诚、李智勇、蒋孟生、朱冬银．紧凑型水力旋流器在线清洗方法研究与实践[J]．石油和化工设备，2020，23(10)：4．

第3章 油水分离设备

第1节 油水分离设备概述

油井采出液中所含的水主要有两类，一类是游离水，这类水可以利用重力沉降的方法在 $3 \sim 10min$ 内沉降到容器底部；另一类是乳化水，这类水经过乳化形成稳定的乳状液，利用重力沉降方法无法分离，需要采用加热或静电等方法才能分离。相应地，当游离水含量较高时，在原油处理的上游可以采用游离水脱除器，为后续的加热设备等减轻负荷；当原油中大部分游离水被脱出后，可以采用静电脱水器或加热立式脱水器等进行乳化水的脱除；此外，油井采出液处理加工工艺的第一步就是油气水分离，油田常用的卧式三相分离器也是一种有效的游离水脱除设备。为了实现高效分离，原油脱水的工艺流程常常采用先重力式分离脱除其中大部分游离水后，再经过以加热或静电场等为原理的分离装置，脱除其中乳化水，使原油的含水量满足商品原油的需要。

随着油井采出液含水率的不断上升，对集输管道、原油处理和加工装置以及储罐等都产生了较大负荷，直接影响油气田地面工程的经济性和高效性。为此，除上述传统油水分离装置(重力式油水分离装置、加热式油水分离装置和原油静电脱水装置等)外，井口预分水装置也受到广泛关注，不仅在陆上高含水油田，在海上石油平台上也应用较多。预分水装置一般具有结构紧凑、分离效率高、内部构件简单、易于撬装等特点，能够脱除井口采出液中的大部分游离水，大幅提高了脱水后的采出液的后续运输和储存效率，节约了生产成本，应用前景广泛。

游离水脱除设备和卧式油气水分离器在本书第2章已经介绍，本节不再赘述。本节主要介绍离心式旋流分离器、油水加热处理器、静电脱水器和紧凑型分离器。

一、离心式旋流分离器

离心式旋流分离器又称水力旋流分离器，自 1891 年 Bretney 申请了第一篇关于旋流器的专利起，旋流器的研究与应用从未间断。1939 年，Driessen 将水力旋流器用于煤泥水的选矿、澄清和固液分离等行业中。离心式旋流分离器利用离心沉降原理将混合物进行分离。旋流器按照分散相的类型可分为固 - 液旋流器、液 - 液旋流器、气 - 液旋流器、固 - 固旋流器、固 - 气旋流器。固 - 液旋流器主要用于矿物、冶金工程中的分级、脱泥、产物的浓缩、金银浸出和湿法冶金过程的洗涤及回水澄清等。固 - 气旋流器主要用于一些固体颗粒和粉末（如沙子、金属粉末、煤粉、谷物等）的分离与分级。液 - 液旋流器主要用于石油化工工业中原油脱水、含油废水的去油、裂化油中催化剂的回收、聚合物或结晶体的提取、活性和非活性晶体（物质）的分离等，此外工业和生活废水的澄清与净化过程中也有应用。

油水旋流分离器属于液 - 液旋流分离器，Thew 在 1968 年首次提出液 - 液可实现旋流器，自此众多研究者对液 - 液旋流分离技术进行了大量研究，取得了较好的成果。Thew 等设计的脱油旋流器结构是一种分离效果较好的旋流器，具体的尺寸为入口直径 $0.35D$、溢流管直径 $0.04D \sim 0.15D$、底流口直径 $0.5D$、溢流管插入深度为 0、顶部段长为 $2D$、上部锥角 $20°$、下部锥角 $1.5°$、两锥段交接处直径为 D，旋流器总长度为 $45D$。用这种旋流器处理含油量小于 3% 的污水时，除油率可达 97%，能有效除去 $10\mu m$ 以上的油滴，平均停留时间约 3 秒钟。Thew 等设计的液 - 液旋流分离管是双筒双锥型结构，当欲分离的两相流体（油水混合液）沿切线方向给入旋流器后，首先在短筒腔内形成旋流，随后经 $20°$ 角的短锥管加速，再经 $1.5°$ 的长锥管分离，最后由长筒管延长分离时间，提高分离效果，完成全部分离过程。

用于油水分离的液 - 液旋流分离器的原则工艺流程是：首先将含油量 < 50% 的油水混合液给入预分离旋流器，经过预分离的溢流含油约为 80%，底流含油约为 2000mg/L；预分离的溢流进脱水旋流器脱水，脱水后的溢流为含油 > 99% 的合格原油，脱水后的底流（含油 < 2%）和预分离底流合并后进入脱油旋流器；脱油后的溢流返回上游循环处理，脱油后的底流为符合排放标准的净化污水。应该指出流程中脱油和脱水的次数、中间产物（循环产物）的返回地点，必须根据油水混合液的性质和对最终产物的质量要求，按照科学试验结果或类似工程的实

际资料决定。

水力旋流器具有操作方便、效率高、结构简单和占地面积小等特点，是一种新型高效节能的油水分离设备，广泛用于工业废水除油工艺、煤炭、石油和化学领域。

离心式旋流分离器结构类型主要有以下 3 种。

(1)静态旋流器，即壳体是固定的、静止的，整个结构没有可移动的部件，因此完全依赖进口压力来为内部流体提供旋转力，从而实现分离。

(2)动态旋流器，即壳体由电动机旋转，进水只有在进入旋流器时才起作用。通常，这些气旋的分离效率更高，但需要额外的能源。

(3)复合旋流器。这是一种结合静态旋流器和动态旋流器的新结构，具有其二者的特点。油水混合液先进入复合式水力旋流器入口腔，由电动机通过联轴器带动旋转栅做高速旋转，从而带动流进入口腔的液体做高速转动，形成高速涡流。受压力作用，液体经旋转栅流道进入静态旋流单体的锥体分离段。分离出的轻质相(油)沿中心反向运移，经溢流嘴及空心驱动轴中心孔排到溢流腔内，然后排出；重质相水被甩到静态旋流单体内壁，沿静态旋流单体尾部底流口排出。

二、油水加热处理器

乳化原油经管道破乳后，需要把原油同游离水、固体杂质分开。当站外来油中含气量大时，这一过程可在油、气、水三相分离器进行；当油气比很小或基本不含气时，可在沉降罐中进行。在沉降罐内，油、水分离是依靠油、水所受的重力差进行的。水滴在原油中的沉降速度受油品黏度、水滴微粒直径等影响，沉降速度一般采用斯托克斯(Stokes)公式计算。油水加热处理器就是在沉降罐、水洗罐或卧式液体处理器的上游，加热液体用的容器。它们用来处理原油乳状液。上游处理常用的两类加热器是间接加热器和直接加热器。

加热处理器是沉降罐和加热器系统之上的一次改进。许多设计都要适应不同的条件，如黏度、原油重力、流量大小、腐蚀及气温等。热处理器有更高的热效率，更加灵活，且总体效率更高，与沉降罐相比，其建造成本更低。另外，这类处理器更加复杂，沉淀物的储存空间小，且对化学剂更加敏感。与沉降罐和卧式处理器相比，加热处理器比较小，因此停留时间更短(10~30min)。

1. 立式加热处理器

立式加热处理器也是一种常用的乳状液处理设备，主要由气体分离区、游离

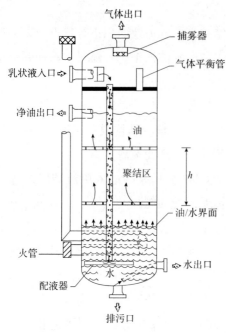

图 3-1　立式加热处理器示意图

水脱除区、加热及水洗区和聚结沉降区组成，其结构如图 3-1 所示。来液进入处理器上方的气体分离区后，气体从液体中分离出来，并从气体管线中排出。这一区域要留有足够的空间，以便气体能够从液体中分离出来。如果处理器位于分离器的下游，只需要很小的气体分离区就足够了。气体分离区需要一个入口分流器和捕雾器。

液体顺着下流管进入用作游离水脱除区的处理器底部。如果处理器位于游离水脱除器或三相分离器的下游，底部只需要很小的区域即可。如果所有井中的流体都需要处理，游离水脱除区需要设计 3~5min 的停留时间，以便游离水可以沉降脱出。这样可以减少进入加热区的液体，从而减少加热所需的燃料气。下流管的末端应稍低于油水界面，这样原油可以经过水洗处理。这可使油中的水滴更易聚结。

原油及乳状液上升至加热及水洗区，液体在这里被加热。通常用火管来加热此区域内的乳状液。当原油及乳状液被加热后，会进入聚结沉降区，油中的小水滴有足够的时间聚结并沉降至罐底。对于难破乳的乳状液，有时会在聚结沉降区装置挡板。这些挡板会使乳状液在经过加热区时来回流动。处理后的原油由位于聚结沉降区底部的油出口流出，流经由阀门控制的集油立管换热器。在集油立管换热器内，处理过的原油会对温度较低的乳状液来液进行预加热。分离出的水经过由阀门控制的集水立管进入水处理系统。

由于加热从原油中逸出的气体会被冷凝头捕集。未冷凝的气体会由平衡管进入气体分离区。在气体离开处理器前，捕雾器会去除其中的液态雾气。如果设计不够完善，原油加热逸出的气体会给处理器带来问题。在立式加热处理器中，气体会上升至聚结沉降区。如果有大量的气体逸出，就会造成扰动，干扰聚结聚并。同样重要的还有，小气泡会吸附界面活性物质，因此会妨碍水滴从油相中沉降，而被携带至油出口。油相液位是由气动阀或液位放泄阀控制的，油水界面则由内置的液位控制器或外置的可调集水立管控制。

2. 卧式加热处理器

图 3-2 为典型的卧式加热处理器的示意图。设计细节会因制造商的不同而不同，但其原理基本一致。卧式加热处理器由 3 个主要部分组成：前室（加热及水洗）、油缓冲室和聚结沉降区。

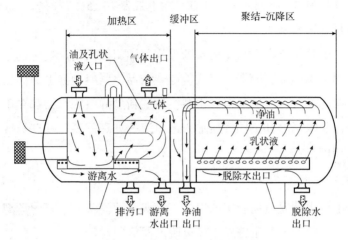

图 3-2　卧式加热处理器示意图

来液由入口进入前室（加热及水洗），向下遇到折流板，气体逸出。较重的组分（水和固体颗粒）在底部，轻组分（油和气）流向顶部。游离气经平衡管至气体出口。油状液、乳状液和游离水到达位于略低于油水界面的配液器后，在挡板处经"水洗"，脱除游离水。对于低气油比的原油，可能需要填充气维持气压。原油和乳状液在经过火管时被加热，并进入油缓冲室。

水位会随着前室中来液脱出的游离水的增加而升高。如果不将游离水排出，水位会持续上升，占据所有空间，甚至会溢到油缓冲室内。相反，如果水位过低，则来液在前室中无法进行水洗处理，这会降低处理器的效率。因此，准确地控制前室中的油水界面非常重要。油水界面是由液位控制器通过操纵游离水放泄阀来控制的。

三、静电脱水器

静电脱水器是利用静电场，将原油乳状液置于高压直流或交流电厂中，由于电场对水滴的作用，削弱了水滴界面膜的强度，促进水滴碰撞，使水滴合并成颗粒较大的水滴，在原油中沉降分离出来。使用静电聚结的方法进行原油脱水的容器称为静电聚结器或电脱水器。

电脱水常用作脱水工艺的最后环节，在油田矿场大量使用。当在高压交流、直流电场中的原油含水率超过30%时，乳状液中的液柱由于极化作用形成液珠链，液珠在电场中的成链长度与存留时间较长，加剧电能泄漏，在两电极间有很大的导通电流，无法建立稳定的破乳电场。所以，在一般情况下，将电脱水的入口原油含水率控制在30%以下，目前实际上控制在15%～25%，这样才能保证有稳定的电场和脱水效果。

近年来，随着采出液含水量的不断提高、油田开发增产措施的不断改进，出现了高含水静电聚结器、容器内置式静电聚结器、紧凑型静电聚结器和在线式静电聚结器结构等多种形式的静电脱水器。这些新型静电脱水器都在不同程度上解决了不同原油脱水场合和不同性质油田采出液的处理需要，在现场成功应用，具有广阔的应用前景。

1. 传统静电脱水器

传统静电脱水器是目前我国油田应用最普遍的设备，主要的类型有交流电脱分离器、直流电脱水器和鼠笼式平流电脱水器等。对于大部分油田的常规采出液经多相分离设备处理后，可以分离掉大部分游离水，此时原油含水量已经大幅减少，通常可以达到含水率小于30%。这些低含水原油被管输至原油脱水装置，原油脱水装置通常为化学沉降脱水或电化学脱水装置，经过脱水设备处理后，原油的含水质量分数可以达到商品原油要求。对于常规采出液，传统静电脱水器基本上就能满足处理要求，但在设备的选型时，还需考虑油水乳状液的含水率、电导率、含盐率、黏度等因素，对电极的类型、频率和布置展开优化研究，旨在获得较高的油水分离效率。

图3-3为常用的静电脱水器，含水原油由入口管进入脱水器内油水界面以下的分配头(或多孔配液管)。由分配头流出的含水原油经水洗除去游离水后，自下而上沿水平截面均匀地经过电场空间。在高压电场下，水颗粒发生碰撞聚结合并，水靠油水密度差分离沉降到脱水器底部，从原油中分出的水滴沉降至脱水器底部，经防水排空口排出。净化原油经脱水器顶部管线由净化油排出。在油层和水层间，通常有50～100mm厚的油水共存段。脱水器内水位的高低，可通过液位管来进行观察。

在脱水器内由悬挂绝缘子吊在壳体上的水平电极一般呈偶数，根据对原油乳状液脱水效果的要求可以有2层、4层等多种形式。使用多层电极时，相间的电

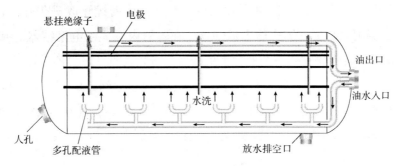

图3-3　静电脱水器结构

极以导线相连，两组电极的间距自下而上逐渐减小，电场强度自下而上逐渐增大，以适应原油含水率逐渐减小对脱水电场强度的要求。

2. 高含水静电聚结器

当静电聚结器入口混合物中含水量较高时，传统的静电脱水器并不能满足分离要求，经常在装置内形成水链而导致电弧或短路，严重时甚至引起故障，如变压器跳闸、烧损等。为此，研究者们对传统静电聚结器进行优化，研究表明，采用脉冲电场或在电极外面包覆一层聚四氟乙烯材料能够有效解决处理入口原油含水率较高的问题。我国南海流花油田应用了一种具有3个绝缘电极和3个裸电极的静电聚结器，通过这种特别的设计在聚结器内形成了水相区、弱电场区、中强电场区和强电场区，可以处理含水量高达80%~97%的油田采出液。

3. 容器内置式静电聚结器(VIEC)

容器内置式静电聚结器采用的电极由聚四氟乙烯通过真空浇注环氧树脂制作而成，通过变频卡为装置提供高频/低压 AC 电场。其结构如图3-4所示，装置内均匀布置的中空管可以提高原油中水滴的聚结效率。其最主要的特点在于，可以直接将这种特殊电极放置在卧式分离器内。容器内置式静电聚结器的主要组成部分包括电极模块、电缆接入组件、电源模块和控制模块。容器内置式静电聚结器的处理效率高，能够显著降低化学破入剂的用量，但是电极结构复杂是其最大的缺点。

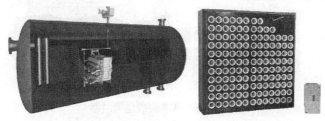

图3-4　容器内置式静电聚结器

容器内置式静电聚结器自研发之后，对其结构的优化改进仍在不断进行。2006年，美国研制了一体化静电聚结器，在容器内置式静电聚结器的基础上增加一个入口旋流分离室和一个低含水聚结器，研究表明，该设备对轻质原油处理后含水量小于0.5%，对重质原油处理后含水率可以达到2%~5%；2014年，卡塔尔石油公司成功应用了低含水容器内置式静电聚结器，并在Dukhan油田成功应用；2016年，我国也自主研制了矩形流道的容器内置式静电聚结器。

4. 管式静电聚结器

随着边际小油田和海洋油田开发的蓬勃发展，传统的静电脱水器体积太大（通常公称直径可以达到2~4m，长度可以达到5~20m），不适合采出液处理空间有限的场合。以紧凑型静电聚结器（CEC）、在线式静电聚结器（IEC）为代表的管式静电聚结器问世。其主要特征是采用管式结构，电极带有绝缘涂层，通过调节电极长度来控制原油乳状液在电场中的停留时间。

1）紧凑型静电聚结器

紧凑型静电聚结器由两个或多个同轴放置的电极组成，每个电极都包覆有绝缘材料，其最突出的特点就是结构紧凑、流道面积大、处理效率较高、空间尺寸较小。紧凑型静电聚结器内的流体运动呈现出湍流特性，大幅增加了原油乳状液中水滴的碰撞概率，产生更高的聚结效率。紧凑型静电聚结器整体结构呈圆柱管式，其结构如图3-5所示。紧凑型静电聚结器的处理量较大，原油乳状液停留时间一般在10s之内，但其对入口气体含量要求较高，需要入口含气量较小。

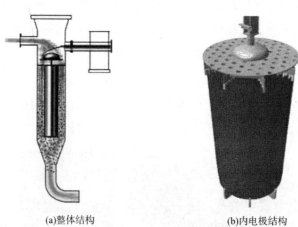

(a)整体结构　　　　　　　　　(b)内电极结构

图3-5　紧凑型静电聚结器

2）在线式静电聚结器

在线式静电聚结器的电极有两种，一种是螺旋导叶式片状电极，裸电极缠绕在聚四氟乙烯管外侧；另一种是内置交替布置涂覆绝缘层的棒状或者板状高、低压电极，将电极置于油包水乳状液中。后者这种电极在相同的情况下提供的电场更均匀，场强更大，聚结效率更高，稳定性更强。在线式静电聚结器的钢制电极不与原油乳状液直接接触，其在水或气体含量较大时也能保证安全运行。在线式静电聚结器的最大优点在于，设备可以直接通过法兰结构连入管路中，如图3-6所示，安装方便，维修容易，并且乳状液的停留时间只有数秒，处理量非常大。

图3-6　在线式静电聚结器

3）紧凑型静电分离器（CES）

国外于2007年就开始致力于紧凑型静电分离器的研究，其结构的发展可分为7个阶段，包括"H"形、"L"形、"y"形、"Y"形、斜体"H"形、扁平"H"形，其中扁平"H"形是Cameron公司的研究重点。

"H"形紧凑型静电分离器的工作原理如图3-7所示，整体结构包括2个立管和1个水平管，右侧立管和水平管内装有绝缘电极。油水乳化液由右侧立管顶部进入第1级静电聚结区域，并实现首次油水分离，水相由右侧立管底部排水口排出。油相进入第2级静电聚结区域，并最终在左侧沉降管中实现第2次油水分离，水相从左侧立管底部排水口排出，油相由油出口排出。

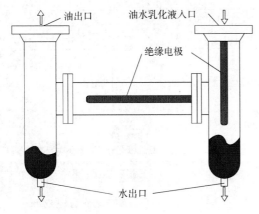

图3-7　"H"形紧凑型静电分离器工作原理图

由于图3-7这种"H"形紧凑型静电分离器内的原油乳状液经第1级静电聚结区域后，必须经过与其垂直的水平管，将受到剪切作用，易发生二次乳化。随后该结构进一步优化，转变为斜体"H"形紧凑型静电分离器和扁平"H"形紧凑型静电分离器，进一步优化其分离效率和适用范围。

四、紧凑型管式分离器

随着海洋油气田的开发越来越深入，油气水多相分离装置的大小和重量极大地影响着整个平台的建造安装成本，直接影响海上油气的生产成本。综上所述，油气集输的发展方向包括处理设备尺寸不断缩小、处理能力不断提高、工艺流程不断缩短，以应对油气资源开发过程中产水量大幅增加的现状。为此，近年来许多研究机构和石油公司研制了多种紧凑型多相分离设备。FMC Technologies 公司的 InLine DeLiquidiser、Norsk Hydro 公司的卧式单根盘管式分离器、意大利 Saipem 公司的立式多管分离器等，这些管式分离器不仅在同等壁厚下能够承受更高的外部静水压力和内部流体压力，而且充分体现了其紧凑的特点，尤其适用于深水和超深水水下生产系统。

1. 内联式脱液器

图 3-8 所示为 FMC Technologies 公司的内联式脱液器工作原理图。该内联式脱液器由气液混合段、涡流发生段、旋流分离段和气体回注旁路组成，由于其中的分离元件都安装在管状壳体内部，而且工作时可以用法兰直接与管线相连，所以称为内联式分离器。内联式气液分离器是一种结合了紧凑高效气液分离以及恢复操作中损失压降的独特新型技术的高效分离装置。内联式气液分离器运行时通过涡流发生器产生强旋流，气液混合物在离心力作用下逐渐形成两相流，从而达到气液分离的目的。

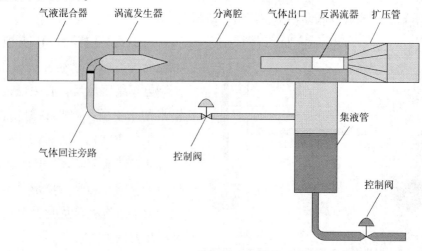

图 3-8　内联式脱液器

在内联式脱液器的进口端连接有一个气液混合器，目的是让来流中少量的液体和气体充分混合，避免在流动过程中发生分层现象，影响后续的分离效果；然后混合均匀的气流经过一个静态涡流发生器，使气液混合物产生强旋流，此时由于气液密度差，液体在离心力的作用下向分离腔内壁面运动，在壁面处形成很薄的流动液膜，而气体在管道中央部分螺旋前进，进入气体出口管道中，经过反旋流元件消除气流的涡旋运动，以减小气体进出口压降，最终气相从扩压管流入到外部管线；而液体在分离腔末端环形空间中短暂聚集后，流入到竖直集液管中，通过调节控制阀流向外部管线，与此同时，还有少量气体也随液体进入集液管中。为了使气体能够充分分离，在集液管和旋流发生器之间连接有一个气体回注旁路，由于气流在涡流发生器内产生强旋流，导致其末端会形成一个低压区，可以通过控制集液管中液位使气体在压差作用下返回到分离腔中，进行再次分离。

2. 卧式单根盘管式分离器

卧式单根盘管式分离器的设计思想最早由挪威 Norsk Hydro 公司研究中心的技术人员提出，主要用于重力式液－液分离。其设计理念主要基于以下 4 点：①通过减小分离器的直径，能够缩短水颗粒的沉降距离和相应所需的沉降时间；②通过增大水相的界面区域面积，能够减小界面水力载荷；③通过增大油水乳化层上所受的剪切力，能够加速乳化层的分解，使得管式分离系统能分离更为稳定的乳化液和高黏度的采出液；④通过增大轴向平均流速(约 1.0m/s)，使油井产出液处于湍流流态，能够提高油水分离效率。初步计算结果表明，在达到同样处理能力和处理效果的前提下，常规重力卧式分离器的质量为 320t，而卧式单根盘管式分离器的质量仅有 60t，水下分离器站的质量则由 450t 减轻到 212t，极大地减少了工程项目建设投资，降低了施工作业和运行维护难度。

完整卧式单根盘管式分离系统结构如图 3－9 所示，由入口、管式分离器、出口区域和气体旁路等组成。经测试，出水口的最大含油质量分数为 0.1%，出油口的最大含水质量分数为 10%。测试用乳化液的含水质量分数在 70% ~ 90%，气液比为 0 ~ 4，液体流量为 5 ~ 50m³/h，

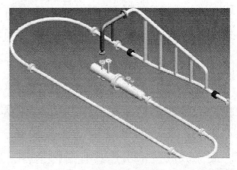

图 3－9　小尺寸完整卧式单根盘管式分离系统

管道上游混合物的流速为 2.13 ~ 12.72m/s，不添加破乳剂。测试结果表明：油相出口的含水质量分数低于 4%；水相出口的含油质量分数一直低于 0.06%；分离器上游出现段塞流或泡沫流流态对分离效果无明显影响，管式分离器都能有效工作；分离器上游出现泡沫流较段塞流时出水口的含油质量分数更低，这可能是气浮现象引起的。

五、气浮分离器

气浮分离器自 1970 年起用于油田含油污水的处理，主要去除污水中的油分和部分溶解性污染组分，如今气浮分离技术已广泛应用在油水分离领域。如第 1 章气浮法分离所介绍的，气浮分离就是利用微气泡的性质，通过网捕、包卷或架桥等形式与油滴或絮体黏附形成粒径较大的黏附体，黏附体在重力作用下浮到水面，实现油水快速分离。可见油滴和微气泡的黏附体的粒径以及黏附体的密度直接影响着黏附体上浮的速度。

气浮分离器从结构上可分为喷射式和叶轮式，外形有圆形和方形之分。圆形气浮分离器又分卧式和立式两种。叶轮式气浮分离器是由四级转动的叶轮组成的 4 个气浮室。采出液依次通过 4 个气浮室完成气浮过程。向采出液中通入气体，使水中颗粒为 0.25 ~ 20μm 的浮化油、分散油及悬浮物黏附在气泡上，均在 4 ~ 6min 内可随气泡上浮到水面被除去。喷射浮选机为多级串联结构，利用喷射器原理，将部分采出液经循环泵送入喷嘴，当采出液从喷嘴高速喷出时，在喷射器的吸入室内形成负压，气体则被吸入室内。气、水混合液高速通过混合段时，气体被剪切成微小气泡，气泡在气浮室上浮并将黏附在上面的油珠和固体颗粒带出水面被除去。虽然气浮原理基本和叶轮式气浮分离器相同，但喷嘴气浮是利用喷射液流产生的强湍流场破碎气泡，不但气泡数量多，且气泡小而均匀，因此，与油珠、固体颗粒碰撞机会多，除去效率高。立式诱导气浮塔，其浮选机理基本和卧式喷射气浮相同，但立式气浮塔产生的微米级密集气泡，可有效去除直径为 5 ~ 8μm 的油珠和固体微粒，使含油量下降到 6mg/L 以下。

近年来，气浮技术在陆上和海上的采出液处理领域得到了广泛应用，这都得益于高效集成的紧凑型气浮装置的研发，其将气浮分离技术与旋流分离技术集成，实现两种技术的优势发扬、劣势互补，有效提高了油水分离效率。旋流分离技术虽然具有结构紧凑、运行和维护成本低、分离效率高等优点，但强旋流作用易造成分散相液滴尺寸的减小，严重时甚至发生二次乳化，且旋流器分离效率受进口采出液物性影响较大，制约了其应用范围。而制约气浮技术效率的因素主要有气泡的粒径大小、气泡－液滴的碰撞概率和气泡的稳定性等。两种分离技术的结合，有利于油滴－气泡黏附体进行旋流离心加速，增加黏附体上浮速度和油滴－气泡碰撞概率，实现两种技术的优势互补。

旋流气浮装置结果如图 3－10 所示，采出液沿径向方向进入，在装置内做旋流运动，气泡通过微气泡发生器从装置底部进入，与采出

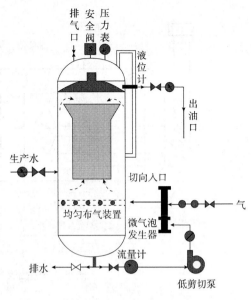

图 3－10　旋流气浮装置

液中的乳化油、微小悬浮颗粒等污染物质通过黏附或包裹形成黏附体，黏附体的密度较油相密度显著减小，因此与水相密度差增大，黏附体上浮速度增大，随后上浮至水面，并通过撇除装置将废物从水中去除。

六、集成式分离器

由于不同的分离设备具有各自的优缺点，将不同分离设备进行一体化有机集成，有利于发挥不同分离设备优点，弥补不同分离设备短板，能够有效提高分离效率，降低建造投资成本和运行维护费用。

1. 加热－静电集成式分离器

图 3－11 是一种典型的集成式分离设备，其把加热和静电技术进行集成，可以大大提高油水分离的效率。这种类型的分离器称为静电加热处理器。乳状液由加热处理段进入脱水器，分出气体的液体由火管挡板外围流入水层内水洗，分出游离水。原油乳状液沿挡板内侧上升经火筒加热后，经堰板流入缓冲室，并由配液管进入聚结沉降段，经水洗、电场脱水后由集油管流出脱水器。除上述部件外，压力容器必须装有泄压阀，容易积聚油泥的容器底部应设水力除砂器。

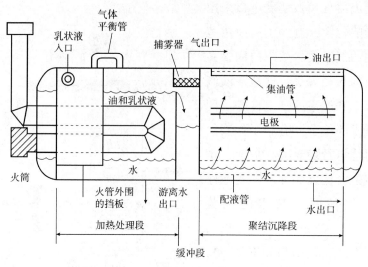

图 3 -11　静电加热脱水器

2. 加热 - 化学 - 静电集成式分离器

静电加热脱水器对于乳化程度深、高含水的三次聚合物驱采出液分离效果并不理想，油水分离无法达到要求。热电复合分离设备是一种集成了重力沉降、热化学沉降和电脱技术的集成式分离器，通过重力沉降分离出大部分游离水；随后，剩余原油随着破乳剂和加热段的作用，在热化学沉降段进行分离，使原油中大约仅剩20%的水；最后低含水原油进入电脱水段，在电场的作用下，原油中剩余乳化油也发生破乳，从而满足油水分离的技术指标。

3. 湍流/剪切流 - 静电集成式分离器

对于前述乳化程度深、高含水的三次聚合物驱采出液，除了热电复合分离设备外，将静电聚结与湍流/剪切流集成的方法也获得了较好的分离效果。静电聚结式利用水滴表面或不同水滴的极性不同而产生引力和斥力，使得水滴发生碰撞，聚结成粒径较大的水滴，从设备中沉降分离出来。上述过程中静电作用产生的力均为短程力，若水滴间距离较远，这种作用力就较弱。而不管是湍流产生的各向异性的杂乱运动，或是剪切流产生了流体层间相互运动，都会增加水滴的分散程度，提高水滴发生相互碰撞的概率，进而聚并成大液滴被分离出来。因此湍流/剪切流 - 静电技术集成的分离器，较传统的静电聚结器而言水滴的碰撞概率更大，从而理论上可以获得更优的静电聚结效率。但是湍流/剪切作用太强，反而会导致已经聚结的水滴再次破碎，因此需要明确湍流/剪切作用的程度，控制分离器内合适的流速。目前,我国学者已利用高压脉冲电场与旋流离心场联合进行废油的破乳脱水,形成一种新型的针对废油乳化液破乳脱水工艺方法及装置,能较大地提高废油乳化液的脱水效率。

除此之外,还有多种集成分离器,如将重力沉降和气浮选两种技术集成,代表性做法就是在现有水工艺舱、外排水缓冲罐和重力沉降罐内增配气浮选功能;将静态旋流分离和重力沉降两种单元技术集成,代表性做法就是旋流与重力沉降一体化技术,其中"罐中罐"技术在国内炼化污水处理领域已有不少工程案例;将静态旋流分离和气浮选两种单元技术集成,代表性做法就是离心气浮和紧凑型气浮装置(Compact Flotation Unit,CFU)等;将静态旋流分离、气浮选和粗粒化(聚结)3种单元技术集成,代表性做法就是旋流气浮聚结一体化技术等。但是越多种技术的集成,设备结构就越复杂,体积也越大,相应的加工和制造成本也成倍增长,所以说并非集成的分离技术越多越好,需要最大限度地发挥各种分离技术优点,减少各种分离技术的缺点。

第 2 节　油水分离设计理论

一、油水沉降分离理论

油滴在水相中的上升属于层流,假设油滴或水滴呈球形,则符合斯托克斯定律:

$$v_t = \frac{0.556 d_o^2 (\rho_w - \rho_o)}{\mu_w} \tag{3-1}$$

式中,v_t 为油滴均匀上升速度,m/s;d_o 为油滴直径,m;ρ_w、ρ_o 为分别为水和油滴的密度,kg/m³;μ_w 为水的动力黏度,Pa·s。

同理,水滴在油相中的沉降也符合斯托克斯定律。

$$v_{t,w} = \frac{0.556 d_w^2 (\rho_w - \rho_o)}{\mu_o} \tag{3-2}$$

式中,$v_{t,w}$ 为水滴均匀沉降速度,m/s;d_w 为水滴直径,m;μ_o 为油的动力黏度,Pa·s。

从式(3-1)和式(3-2)可以看出,油在水中的上升和水在油中的沉降速度都可以用斯托克斯定律计算;除油水密度差外,油滴尺寸、水滴尺寸和油水动力黏度都是影响沉降分离的重要因素。在同一种油水物性中,由于油的黏度远远大于水的黏度，油滴从水中分离比水滴从油相中分离更容易，油滴的上升速度比水滴沉降速度大很多。

为了实现高效分离，原油脱水的工艺流程常常采用先重力式分离脱除其中大部分游离水后，再经过以加热或静电场等为原理的分离装置，脱除其中乳化水，使原油的含水量满足商品原油的需要。而重力式分离最典型的设备就是第 3 章所述油气水卧式分离器，三相分离器处理后的采出水的含油量为几百毫克每升到 2000mg/L，这种处理后的采出水会继续进行下一步处理，这一工艺流程常称为污水处理，而三相分离器处理后的原油也会继续进行后续原油处理工艺。三相分离器内需要保证游离水有时间聚结成足够大的下沉尺寸，一般从 3 ~ 30min 不等，通常采用 10min 作为水相停留时间。油相停留时间依密度不同而不同，对于密度较小的凝析油，油相停留时间至少为 2min，如果处理后原油中含有乳状液，所需停留时间需要成倍增长。

二、油水乳状液理论

两种或两种以上互不相溶（或微量互溶）的液体：其中一种以极小的液滴分散于另一种液体中，这种分散物系称为乳状液。乳状液都有一定的稳定性。

原油和水构成的乳状液主要有两种类型：一种是水以极微小的颗粒分散于原油中，称油包水型乳状液，此时水是内相或称分散相，油是外相或称连续相，油包水型乳状液是油田最常见的原油乳状液。另一种是油以极微小颗粒分散于水中，称水包油型乳状液，此时油是内相，水是外相。在原油处理中，水包油型乳状液很少见，采出水中常存在水包油型乳状液，故水包油型乳状液又称反相乳状液。此外，还有复合乳状液，即油包水包油型、水包油包水型等。聚合物驱采油常产生油包水包油型复合乳状液。

油包水型乳状液的内相水滴粒径一般在 0.2 ~ 50μm 范围内，也称粗乳状液。在普通显微镜下可观察到内相水滴的存在，乳状液内相颗粒粒径大小不等，分布也很紊乱。大庆油田曾对含水 30% 的油包水型乳状液的水滴粒径分布进行过测定，粒径在 15μm 以上的水粒仅占 4%，15 ~ 30μm 的占 20%，3μm 以下的占 76%。还有一种油田不常遇到的乳状液，其分散相粒径范围为 0.01 ~ 0.2μm，称细乳状液。

油包水型乳状液还可细分为疏松乳状液和致密乳状液。疏松乳状液的水滴粒径较大，乳状液不太稳定，依靠重力较易使油水分离；而致密乳状液分散相粒径很小、很稳定，油水分离难度较大。常把油包水型乳状液的分散水相称为"底部沉积物和水"或"沉积物和水"。分散水相或底部沉积物和水内主要为溶有盐类的水及沙、泥浆、黏土、水垢、铁锈等固体悬浮物。

形成乳状液必须具备下述条件：①系统中必须存在两种以上互不相溶（或微量相溶）的液体；②有强烈的搅动，使一种液体破碎成微小的液滴分散于另一种液体中；③要有乳化剂存在，使分散的微小液滴能稳定地存在于另一种液体中。在工业上常认为油水是两种互不相溶的液体。

油田水驱开采时，油水密切接触从地下流至地面，继而沿集油管网流至原油处理站。在流动过程中，随压力降低溶解气析出，流动中的搅拌、剪切等使某一液相变成液滴分散于另一相内，形成乳状液。乳状液形成的一系列过程发生在油-水界面上，应从溶液的表面物理现象入手研究形成稳定乳状液的机理。

原油中含水并含有足够数量的天然乳化剂，是生成原油乳状液的内在因素。原油中所含的天然乳化剂主要为沥青质、胶质、环烷酸、脂肪酸、氮和硫的有机物、蜡晶、黏土、沙粒、铁锈、钻井修井液等。它们中的多数具有亲油憎水性质，因而一般生成稳定的油包水型原油乳状液。此外，在石油生产中还常使用缓蚀剂、杀菌剂、润湿剂和强化采油的各种化学剂等，这些都是促使乳状液生成的乳化剂。

各种强化采油方法都会促使原油生成稳定的乳状液，例如，油层压裂、酸化、修井等过程中使用的化学剂常产生特别稳定的乳状液。又如：注蒸汽开采的油藏，由于蒸汽在井底的高速注入，强烈剪切油藏内的油水混合物并使油藏岩石剥落形成固体粉末；蒸汽注入还增加油藏内水油比，减小水中的盐含量，这些都促使原油形成稳定乳状液。旨在降低油藏油水界面张力的表面活性剂及聚合物驱油等会促使产生稳定乳状液。火烧油层使部分原油燃烧、裂解，产生多种可作为乳化剂的高相对分子质量化合物，也促使产生稳定乳状液。在地层内油水是否已形成乳状液有不同的学术观点，但普遍认为在井筒内已形成乳状液。井筒和地面集输系统内的压力骤降、伴生气析出、泵对油水增压、清管、油气混输等都会强烈搅拌油和水，促使乳状液的形成和稳定。从对油水混合物搅拌强度的观点来衡量，单螺杆泵搅拌最小，体积泵其次，离心泵最大。油气多级分离不仅减少了原油内轻组分的损失，还因每一级析出的气体量少，减少了气泡对油水搅拌而降低乳状液的稳定性。原则上，可采取以下措施防止稳定乳状液的生成：①尽量减少对油水混合物的剪切和搅拌；②尽早脱水。

原油乳状液的稳定性是指乳状液抗油水分层的能力。影响原油乳状液稳定性的因素有：

(1)分散相粒径。分散相粒径越小、越均匀，乳状液越稳定。粒径的大小还表示乳状液受搅拌的强烈程度，通过泵、阀和其他节流件搅动后，乳状液分散相粒径减小。

(2)外相原油黏度。在同样剪切条件下，外相原油黏度越大，分散相的平均粒径越大，乳状液稳定性越差。另外，原油黏度越大，乳化水滴的运动、聚结、合并、沉降越难，增大了乳状液的稳定性。

(3)油水密度差。乳化水滴在原油内的沉降速度正比于油水密度差，密度差越大，油水越容易分离，乳状液的稳定性越差。

(4)界面膜和界面张力。分散在乳状液内的水滴处于不断的运动中，经常相互碰撞。若没有乳化剂构成的界面膜，水滴很容易在碰撞时合并成大水滴，从原油内沉降使油水分离。

原油内的天然乳化剂大体可分为3类：①低分子有机物，如脂肪酸、环烷酸和某些低分子胶质，有较强表面活性，易在内相颗粒界面形成界面膜，但由于相对分子质量小，界面膜强度不高，所形成乳状液的稳定性较低；②高分子有机物，如沥青质和高熔点石蜡等，在内相颗粒界面形成较厚的、黏性和弹性较高的凝胶状界面膜，机械强度很高，使乳状液有较高的稳定性；③黏土、沙粒和固体乳化剂，其构成界面膜的机械强度很高，因而乳状液的稳定性也很高。

(5)老化。时间对乳状液的稳定性有一定影响。乳状液形成时间越长，由于原油轻组分挥发、氧化、光解等作用，乳化剂数量增加越多，同时原油内存在的天然乳化剂也有足够时间运移至分散相颗粒表面形成较厚的界面膜使乳状液稳定，乳状液的这种性质称为老化。

在乳状液形成初期，乳状液的老化速度较快，随后逐渐减弱，常在一昼夜后乳状液的稳定性就趋于不变。轻质原油的老化过程较重质原油快，老化了的乳状液称老化乳状液。

(6)内相颗粒表面带电。内相颗粒界面带有极性相同的电荷是乳状液稳定的重要原因。乳状液内相颗粒界面力场不平衡，会选择性地从外相介质中吸附阳离子或阴离子以降低界面张力。这样，内相颗粒界面上带有同种电荷，而贴近颗粒的外相介质内则带有极性相反的电荷。或者，处于内相颗粒界面的分子电离，电离后的阳离子或阴离子分布到邻近颗粒的外相介质中去。或者，由于内相颗粒在外相介质中存在布朗运动，颗粒因摩擦而带电。由于上述原因，乳状液内相颗粒界面和其邻近的介质中带有数量相等而符号相反的电荷，构成双电场。显然，全部内相颗粒界面均带有同种电荷。由于静电斥力，两相邻水滴必须克服静电斥力才能碰撞、合并成大颗粒下沉，使乳状液变得稳定。与含水率高的原油乳状液相比，含水率低的原油乳状液的内相颗粒界面带电对稳定性的影响更为明显。

（7）温度。温度对乳状液稳定性有着重要影响。提高温度可降低乳状液的稳定性，这是因为：①可以降低外相原油黏度；②可以提高乳状液乳化剂沥青质、蜡晶和树脂等物质的溶解度，削弱界面膜强度；③可以加剧内相颗粒的布朗运动，增加水滴互相碰撞、合并成大颗粒的概率。

（8）原油类型。原油类型决定了原油内所含天然乳化剂的数量和类型。环烷基和混合基原油生成的乳状液较稳定，石蜡基原油乳状液的稳定性较差。

（9）相体积比。增加分散相体积可增加分散水滴的数量、粒径、界面面积和界面能，减小水滴间距，使乳状液稳定性变差。

（10）水相盐含量。水相内盐的质量浓度对乳状液稳定性也有重要影响。淡水和盐含量低的采出水容易形成稳定乳状液。

三、静电聚结理论

原油乳状液在电场作用下，分散相液滴受到电场作用发生极化，液滴受力变形、运动并相互作用，小液滴逐渐聚合成大液滴，大液滴沉降出来，使得油水分离。

液滴在电场作用下首先自身形状发生改变。液滴在自身黏性力和界面张力作用下，具有保持球形的趋势；界面张力越大，液滴抵抗电场作用而维持球形的能力越强。施加外加电场后，球形的液滴逐渐被拉伸，在较弱电场作用下呈椭球形状态；随着电场强度的逐渐增加，液滴由椭球形逐渐过渡到两端尖形的临界状态；继续增加电场强度，液滴会发生破碎。

液滴从开始发生变形到破碎的过程中，存在一个最大变形的临界状态，超过这个临界状态液滴会发生变形，反之亦然。静电聚结的过程是利用电场作用使水滴发生碰撞从而聚结成粒径更大的液滴，而上述破碎过程则恰恰相反，破碎的产生会大大影响破乳的效果。研究表明，电场强度对这个最大变形的临界值有着直接的影响。在较高电场强度下，液滴达到最大变形的临界值发生破碎。同时，液滴界面膜的抵抗作用也影响着发生破碎的临界值。一般来说，液滴粒径越小，界面张力越大，液滴破碎所需的临界电场强度就越大。

液滴的聚并对原油脱水效率有着重要的影响，通过高速摄像发现，液滴的聚并过程需要经历液膜接触、排液、融合并恢复球形的过程。与液滴破碎现象类似，液滴的聚并也存在一个临界电场强度。在临界电场强度以下，液滴相互吸引，碰撞后发生聚合；在临界电场强度以上，液滴先相互吸引直至接触，接触瞬间并不发生聚合而是反向弹开。这是由于当外加电场大于临界场强时，界面张力的融合作用弱于电场的拉伸作用，液滴间接触点电荷中和，分离后液滴带有不同电荷，在电场作用下发生电泳形成液滴反弹。

总的来说，静电聚结效果的优劣受到电场强度、界面张力、液滴粒径及液相黏度的影响。在优化设计静电脱水装置时，应考虑采出液的特点选择合适的参数，提高油水分离效率。

第3节　油水分离器设计

目前，在油气分离设备的设计过程中，应充分收集可能影响分离器性能的各种初始参数，例如：①油气最大、最小和平均流量；②分离压力和温度；③油气混合物进入分离器时形成段塞流的倾向；④油气物性；⑤原油发泡倾向；⑥沙、铁锈等黏附体杂质含量；⑦油气混合物的腐蚀性。掌握这些影响分离性能的基础参数是设计分离器的前提。

油水分离器设计方法和工艺经验很多，针对不同的分离器类型及应用场合，设计方法和工艺经验不同，有时需要对比优选。在设计流量及各种特性时，所有可能发生的不确定因素都应该予以考虑。这些油水分离器设计方法并不是普适的通用方法，但可以补充工艺经验。

一、重力式分离器设计

重力式分离器是原油脱水的工艺流程的第一步，除了实现油水分离外，还可以实现伴生气的分离。本节所述的重力式分离器通常就是指油气水三相分离器。分离器的直径和长度通常是根据气体容量及停留时间确定的，分离器的最大直径通常在给定的液体停留时间下，根据某个指定直径油滴中沉降特定直径的水滴而确定。

1. 半满式重力分离器

大多数油田的重力式分离器的液位一般都设计在容器中心线，即液体为半满式设计。图 3 – 12 为分离器液位示意图，其中，d 为分离器直径；β_d 为液位系数，$\beta_d = \dfrac{h_o}{d}$。

图 3 – 13 为分离器有效长度示意图，其中，L_{eff} 为有效长度，L 为分离器的总长度。油气水混合物从入口进入分离器后，靠近入口的分离器长度的某些部分需要均匀流动分布，分离器另一部分长度要用于捕雾器，所有有效分离长度即为 L_{eff} 所示部分。

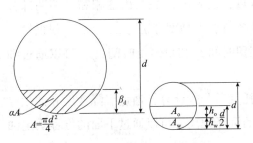

图 3 – 12　分离器液位示意图

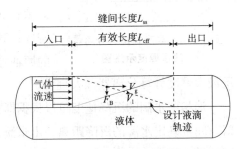

图 3 – 13　分离器有效长度示意图

随着分离器直径的增加，需要相应地增加长度以适应气体的平均流动。不管分离器直径多么小，长度的设计中都需要考虑捕雾器和入口流动分布。考虑实际现场经验，分离器总长 L_{ss} 可以根据下式估算：

$$L_{ss} = L_{eff} + \frac{d}{1000} \qquad (3-3)$$

油气水流经容器的有效长度时，需要满足允许气体携带的液滴沉降到油水界面，同时也需要提供充足的停留时间以使液滴达到平衡。

1）分离器的直径和长度

基于气体停留时间等于液滴沉降到液体界面所需的时间，当液滴直径约为 $100\mu m$ 时，可以建立以下方程：

$$dL_{eff} = 34.5 \left(\frac{TZQ_g}{P} \right) \left[\left(\frac{\rho_g}{\rho_1 - \rho_g} \right) \frac{C_d}{d_m} \right]^{1/2} \qquad (3-4)$$

式中，d 为容器内径，mm；L_{eff} 为分离器的有效长度，m；T 为运行温度，K；Q_g 为气体流量，scmh；P 为运行压力，kPa；Z 为气体压缩系数；C_d 为曳力系数；d_m 为被分离液滴直径，μm；ρ_g，ρ_1 为分别为气体和液体的密度，kg/m³。

根据式(3 -4)并不能求解出分离器的内径和有效长度，还需要其他约束条件。基于液体停留时间可以建立另一个关于分离器内径和有效长度的方程，联立即可求解出分离器内径和有效长度：

$$d^2 L_{eff} = 4.2 \times 10^4 (Q_w t_{rw} + Q_o t_{ro}) \qquad (3-5)$$

式中，Q_w 为水流量，m³/h；t_{rw} 为水相停留时间，min；Q_o 为油流量，m³/h；t_{ro} 为水相停留时间，min。

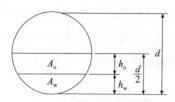

图 3 -14 半满式重力分离器的油水厚度示意图

2）分离器最大直径

半满式重力分离器的截面如图 3 - 14 所示，分离器中一半高度（$d/2$）为气相区域，另一半高度为液相区域，而液相区域又由油相和水相两部分构成，其各自所占高度分别为 h_o 和 h_w。根据给定的原油停留时间 t_{ro} 和水停留时间 t_{rw}，可以通过油层最大厚度计算分离器最大直径。

油相中水滴的沉降速度可以根据斯托克斯公式计算，通过沉降速度和油相停留时间可确定水滴的沉降距离。由水滴的沉降距离，可以通过下面的方程确定油层的最大厚度 h_o：

$$h_o = \frac{0.033 t_{ro} (\rho_w - \rho_o) d_m^2}{\mu} \quad (3-6)$$

式中，h_o 为允许水滴在 t_{ro} 时间内沉降的油层最大厚度。

如果缺乏具体数据，可令水滴直径为 $500\mu m$，根据式（3 - 6）计算出油层最大厚度。根据油水停留时间 t_{ro} 和 t_{rw} 可以计算水相所占截面积的比例：

$$\frac{A_w}{A} = 0.5 \frac{Q_w t_{rw}}{Q_w t_{rw} + Q_o t_{ro}} \quad (3-7)$$

根据上式计算出的水相所占截面积，查经验图表（见图 3 - 15）获得液位系数 β，则分离器最大直径 d_{max} 可以根据 $d_{max} = \frac{h_{omax}}{\beta}$ 求得。

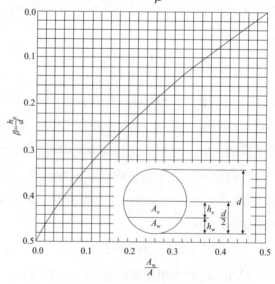

图 3 -15 分离器的液位系数经验图表

2. 非半满式重力分离器

对于非半满式重力分离器，设计原理和方法与半满式相似，只是液体的液位高度不再恒定为分离器的 $1/2$，则式(3-4)可以改写为：

$$dL_{eff} = 34.5 \left(\frac{1-\beta}{1-\alpha}\right)\left(\frac{TZQ_g}{P}\right)\left[\left(\frac{\rho_g}{\rho_l-\rho_g}\right)\frac{C_d}{d_m}\right]^{1/2} \qquad (3-8)$$

式中，$\dfrac{1-\beta}{1-\alpha}$ 为经验图 3-16 中的设计常数。

式(3-8)可以写成以下形式：

$$d^2 L_{eff} = 21000 \frac{Q_w t_{rw} + Q_o t_{ro}}{\alpha} \qquad (3-9)$$

式中，α 为经验图 3-17 中的设计常数。

$$\alpha_w = \frac{\alpha_1 Q_w t_{rw}}{Q_w t_{rw} + Q_o t_{ro}} \qquad (3-10)$$

式中，α_1 为液体面积分数；α_w 为水面积分数。

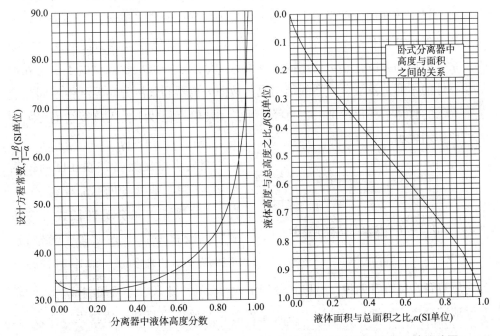

图 3-16　设计常数的经验图　　　　图 3-17　设计常数 α 的经验图

水区需要的高度可通过下面的方程通过试算法得到：

$$\alpha_w = 1/80 \cos^{-1}(1-2\beta_w) - (1/\pi)[1-2\beta] \qquad (3-11)$$

式中，β_w 为水高度分数。

通过液相区高度分数和水区高度分数可以确定分离器最大直径：

$$d_{\max} = \frac{h_{o\max}}{\beta_l - \beta_w} \qquad\qquad (3-12)$$

式中，$d_{\max}$ 为分离器最大内径，mm。

二、离心式分离器设计

离心式分离器是利用不同相之间密度差所产生的径向离心力以实现多相分离，目前离心式分离器在液固分离和气液分离上应用最为广泛，而油水分离由于两相密度差较小，且液滴易变形破碎，分离效果受到制约，故相应的研究和应用较少，而液－液分离器的结构设计可查资料较少。

与液固和气液分离器处理对象的特性不同，主要体现在：①分散油相密度小于水，从溢流管排出，且为保证溢流中油含量尽可能大，故溢流管应尽可能小，以减轻后续处理压力；②一般油水密度差的数量级在 10 ~ 100 范围内，要使油滴在离心力场下的切向速度足够大，必须保证入口切向速度足够大；③油滴受到剪切易发生变形和破碎，若分离器内速度过大，则极易发生破碎，使油滴尺寸减小，给分离增加难度；④工业用油水分离器的处理量一般均较大。由于以上处理对象特性的不同，液液分离器的结构也与液固分离器和气液分离器结构不同，液液分离器的整体结构比较细长，直径较小，溢流管直径较小，入口管结构要求湍流剪切作用较小。

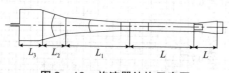

L_3　L_2　L_1　　L　　L

图 3 – 18　旋流器结构示意图

常常多根旋流器并联在圆筒体内卧式安装。典型的旋流器结构如图 3 – 18 所示，可分为四段式和三段式，四段式分别由入口段、大锥段、小锥段、尾管段组成，其中尾管段又分为尾直管和尾锥管两种；三段式分别由入口段、大锥段、小锥段组成。

液液分离这种细长的结构，即旋流器总长与筒体直径的比值较大。一方面，由于旋流器直径较小有利于增大流体旋流器；另一方面，由于总长较长增加了水力旋流器内回转旋流路径，利于分散油滴向中心区的聚集。另外，旋流器锥体锥角小，使液体在向底流口运动中旋流速度不致过大，从而减少了较大的分散油滴受湍流剪切作用而破碎的概率。一般水力旋流器直径在 25 ~ 50mm，总长度在

400～800mm 范围内。

旋流器的结构参数较多，尺寸的改变会影响旋流器的分离过程，且在生产过程中结构参数互相影响，彼此制约。旋流器的其他结构尺寸通常以内径 D 为基准，通过经验范围的形式给出，并且对于不同的工况，适合的结构尺寸也不同，因此为保证高效分离，应进行结构尺寸的优化选择。主要的结构参数的尺寸范围大致如下：

溢流口直径 D_o 为 $(0.05～0.1)D$；底流口直径 D_u 为 $(0.15～0.4)D$；旋流器总长 L 为 $(18～40)D$；两截锥体间截面内径为 $(0.3～0.6)D$；大锥锥体锥角为 $2°～6°$；小锥锥体锥角为 $0.6°～2°$；大锥锥体长 L_1 为 $L_1/D \leqslant 10$。

三、紧凑型分离器导叶设计

紧凑型多相分离设备通常具有以下特点：充分利用离心力场，分离时间较短，设备尺寸较小，更易于撬装化和集成化，有些甚至可以安装在管状壳体内部，设备可以直接用法兰连接在管线上。紧凑型管式分离器原理与离心式分离器相同，部分紧凑型管式分离器装有入口导叶，可以有效将压能转换为低剪切的旋流。

1. 导叶设计概述

导叶结构为油水分离提供所需离心力，通过渐缩的流道设计，实现对流体的加速。但随着流体速度的增加，将导致油滴在湍流场中受到的剪切应力过大，从而发生变形甚至破碎。根据叶片出口角不同，导叶分为前弯（钝角）、径向（直角）和后弯（锐角）3 种，叶片形状有板形、弧形和机翼形 3 种。板形叶片易于制造；机翼形叶片的强度条件和刚性条件都很好，且有着良好的空气动力性能和较高的效率，但易磨损。前弯导叶一般采用弧形叶片，后弯导叶多采用机翼形叶片。虽然叶片种类繁多，但分离原理都是利用入口结构对流体产生导向作用，使入流的轴向速度转变为利于两相分离的有效切向速度，从而对密度不同的两相流产生旋流分离。由于轴向入口结构采用周向对称布置，使其相对于切向入口结构可有效降低入口处循环流的影响，从而提高分离效率，同时入口湍流作用减弱，降低了入口处的压力损失。

导叶设计方法包括气动法和几何法，前者主要用于涡轮和压气机导叶设计，研究较为系统，虽然工作介质和工作条件不同，但两种叶片存在共性，都可实现流体加速并转向；后者主要用于气固旋流器导叶设计。二者的主要区别在于：

①涡轮或压气机叶片受气体可压缩性的影响，而液－液旋流器则不然；②涡轮或压气机的静子和转子都需要考虑不为零的入口气流角的作用，而轴流旋流器则不然；③通常涡轮和压缩机叶片的气流转折角较小，而旋流器所需的转折角较大。尽管存在以上区别，但旋流器所处理的不可压缩介质和零度的入口角反而简化了涡轮或压缩机叶片设计中需要考虑的因素，故可认为紧凑型分离器的导叶结构属于涡轮或压缩机叶片中特殊的一种叶片结构，紧凑型分离器的导叶结构设计可以借鉴涡轮或压缩机叶片，设计方法也分为几何设计方法和气动设计方法。

1）几何法

早期叶片的成型方法多采用几何成型方法，这种成型方法较为简单。设计人员多采用诸如圆弧线、抛物线等二次曲线来描述叶片型线的形状。使用二次曲线表示叶片型线形状的一般表达式见式（3－13）：

$$R\theta = aR^2 + 2bRZ + cZ^2 + 2dR + 2eZ + f \qquad (3-13)$$

式中，R，θ，Z 为柱坐标系中 3 个方向坐标；a，b，c，d，e，f 为系数，决定了导叶进口位置的角度和叶片型线。

针对紧凑型分离器内的导叶结构，国内研究仅限于采用几何设计方法，还未涉及气动设计方法。许多学者对二次曲线描述叶片型线展开了相关研究，其中正交直母线的导向叶片应用最为广泛，毛羽等和张荣克等将这种叶片应用于旋风分离器中，根据准线的不同，这种叶片可以分为直螺旋叶片、圆弧叶片、椭圆叶片、幂函数叶片以及组合函数叶片。金有海等通过实验研究，确定了旋风管叶片出口角的设计原则，指出了叶片流道进口截面积必须根据允许压降确定，推导了考虑叶片内外缘出口角的圆弧正交叶片型线方程。金有海的导叶设计方法在许多导叶结构设计中被采用，如 Liu 等、Cai 等、聂涛等、金向红等、Wang 等和 Zhang 等。

2）气动法

导叶的几何成型方法存在一定的局限性，比如在叶片成型的过程中忽视了叶片表面上的载荷分布等气动问题，导叶性能必然会受到一定影响。因此，采用几何方法难以设计出高性能的导叶。近年来，随着研究的深入及技术的不断进步，几何成型方法也逐渐为气动成型方法所替代。气动设计方法的设计流程主要包括：①采用合适的导叶结构和性能参数，完成导叶的初步设计；②建立全部叶片型线，在叶栅和叶型的结构参数已经确定的基础上，按照一定的积叠方式，将各个截面的平面叶栅进行积叠。平面叶栅造型分为两种：①原始叶型（NACA 四位数、六位数系列，NGTE C 系列）与某一种曲线（抛物线或圆弧）中弧线相配合，弯曲而成涡轮叶型;②采用直接绘制叶背与叶盆型线的造型方法,利用不同曲线或其组合(圆弧、抛物线、双扭线、双曲螺线以及样条曲线)作为准线方程描述叶片型线;③导叶内部流场流动分析及应力分析;④构造导叶三维结构模型。

对于对导叶的气动成型法,国外的学者开展了相关研究。Nieuwstadt 等和 Dirkzwager 等利用标准翼型建立了轴向液 – 液旋流器的导叶,并对该种旋流器进行了实验研究,首次成功设计了液 – 液轴向旋流器,其导叶结构如图 3 – 19 所示。Laurens 等和 Slot 通过角动量守恒计算得叶片转折角,并依据计算结果寻找适合的标准叶型,最终以 NACA 四位数翼型建立导叶,其导叶结构如图 3 – 20 所示。

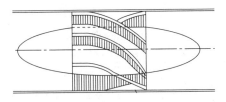
图 3 – 19　Dirkzwager 设计的轴向液 –
　　　　　液旋流器的导叶

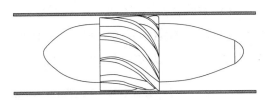
图 3 – 20　Laurens 和 Slot 设计的轴向液 –
　　　　　液旋流器的导叶

虽然国内外学者对于旋流器导叶结构已开展了相关研究,但研究多集中于几何设计法,且多未考虑叶栅的气动参数对于导叶效果的影响。此外,气动法导叶设计方法的设计准则并未公开发表,该领域的研究仍有待完善。

2. 导叶结构的设计

1) 导叶结构的设计流程

通过确定导叶的中弧线方程和叶片厚度方程,可以实现在标准叶型的基础上弯曲中弧线来进行导叶设计。此方法应用比较广泛,但也存在弊端,其控制形状时指向性不强,参数含义不明确,给叶型结构优化带来了盲目性。本书根据叶型几何参数直接绘制型线的方法,其中导叶设计的流程由初始结构设计和导叶结构优化两部分组成。

本书采用的导叶设计方法中,初始导叶的设计流程包括 5 步:第一步,根据设计基础参数,如旋流器管径、油水物性、旋流器入口条件等,预测分离所需的液流转向角,即估算分离所需切向速度和轴向速度的比值;第二步,确定叶型关键位置的结构参数取值,通过借鉴符合旋流器操作参数范围的涡轮和压气机的相关统计曲线或经验公式确定各结构参数取值;第三步,采用合适的曲线形式对导叶型线方程进行拟合;第四步,编制相应的导叶型线方程,以获得导叶上各点坐标；第五步，通过坐标变换或 Solidworks 里的"包覆"将导叶的平面结构转换成三维结构，完成初始导叶结构的设计过程。

2) 导叶对液流的转向能力设计

不同于涡轮和压缩机叶片，轴向入口的旋流器通常直接与管道相连，理想情况下液流均匀地从垂直于入口 90° 的方向进入旋流器。导叶可以实现液体流动速度的提高，并产生转向。当某一直径的油滴从入口外径处（分离最困难的位置）运动到油芯位置，则认为此时油滴可以被分离。在以上假设基础上，通过角动量守恒，可以获得导叶出口所需的切向速度和轴向速度，从而得到液流出口角度，具体的分析方法如下。

(1) 油滴径向速度估算。

油滴在旋流器内受阻力和离心力作用，在径向方向上向油芯处运移。当油滴受力平衡后，可以获得油滴的径向速度，见式(3-14)：

$$\mid v_{\mathrm{r}} \mid = \Delta\rho \frac{d^2}{18 r_{\mathrm{d}}} \frac{v_{\mathrm{t}}^2}{\mu_{\mathrm{w}}} \tag{3-14}$$

式中，v_{r} 为油滴的径向速度，m/s；$\Delta\rho$ 为油水的密度差，$\mathrm{kg/m^3}$；v_{t} 为油滴的切向速度，m/s；r_{d} 为油滴所处的径向位置，m；μ_{w} 为水的黏度，$\mathrm{Pa \cdot s}$。

(2) 油滴切向速度估算。

双锥旋流器中的切向速度分布呈现兰金涡，即中心处为强制涡，外侧为准自由涡。这样的速度分布可采用式(3-15)计算：

$$\begin{cases} v_{\mathrm{t}}(r, x) = V_{\mathrm{t}}(x) \dfrac{r}{R_{\mathrm{c}}}, \ 0 < r < R_{\mathrm{c}} \\ v_{\mathrm{t}}(r, x) = V_{\mathrm{t}}(x), \ R_{\mathrm{c}} < r < R \end{cases} \tag{3-15}$$

式中，R_{c} 为强制涡旋转中心半径，m，根据实验数据，$R_{\mathrm{c}}/R \approx 0.25$；$V_{\mathrm{u}}(x)$ 为设计过程中切向速度尺度。$V_{\mathrm{u}}(x)$ 依赖于流体流动过程中轴向的旋流衰减模型，见式(3-16)：

$$V_{\mathrm{t}}(x) = V_{\mathrm{t}}(0) \mathrm{e}^{-C_{\mathrm{decay}} x / 2R} \tag{3-16}$$

式中，C_{decay} 为旋流衰减系数，根据实验数据，$C_{\mathrm{decay}} = 0.04$。

径向速度与轴向速度关系见式(3-17)：

$$v_{\mathrm{r}} = \frac{\mathrm{d} r_{\mathrm{d}}}{\mathrm{d} t} = \frac{\mathrm{d} x_{\mathrm{d}}}{\mathrm{d} t} \frac{\mathrm{d} r_{\mathrm{d}}}{\mathrm{d} x_{\mathrm{d}}} = v_x \frac{\mathrm{d} r_{\mathrm{d}}}{\mathrm{d} x_{\mathrm{d}}} \tag{3-17}$$

综上所述，将式(3-16)、式(3-17)代入式(3-14)，并考虑油滴位置器壁处的最不利位置，则有：

$$V_t(0) = \sqrt{\frac{9\mu_w v_{x,\text{average}} C_{\text{decay}} R (1 - C_{\text{in}})}{\Delta \rho d^2 (1 - e^{-C_{\text{decay}} L_z / R})}} \qquad (3-18)$$

式中，L_z 为锥段长；C_{in} 为入口油的体积分数。

因此，可求得切向速度 $v_t(r, x)$，结合角动量守恒定理和质量守恒定律可得：

$$v_{t,\text{tail}} = V_u(0) \frac{(4R^3 - R_c^3)(R^2 - R_{\text{in}}^2)}{4(1 - \varepsilon_{\text{loss}}) R^2 (R^3 - R_{\text{in}}^3)} \qquad (3-19)$$

式中，$\varepsilon_{\text{loss}}$ 为旋流损耗比例。

（3）液流出口角估算。

导叶出口处切向速度和轴向速度的夹角，即为液流的出口角度 β_2，见式（3-20）。

$$\beta_2 = \arctan\left(\frac{v_{t,\text{tail}}}{v_{x,\text{tail}}}\right) \qquad (3-20)$$

3）叶型关键位置的结构参数设计

导叶的截面轮廓线称为叶型。导叶型线主要包括几何进口角 β_{1r}、几何出口角 β_{2r}、安装角 γ_{angle}、轴向弦长 B、前缘尖角 ω_1、尾缘尖角 ω_2、前缘小圆半径 r_1、尾缘小圆半径 r_2、喉部宽度 O、栅距 t_{ys} 以及后缘转折角 δ，其含义和相互之间的几何关系如图 3-21 所示。在涡轮和压缩机叶片的设计中，这些关键参数是根据大量的平面叶栅实验数据

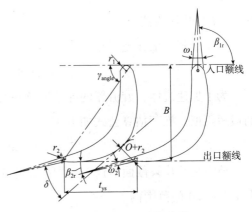

图 3-21　叶栅主要参数

统计曲线或经验公式计算得出的。这些经验公式已经通过实验验证，在马赫数小于 0.5，雷诺数大于 $(2.5 \sim 3.0) \times 10^5$ 的区域内，可以不考虑气体的压缩性以及黏性对流场的影响，因此可以应用于紧凑型分离器入口的导叶中。

叶型的几何进口角 β_{1r} 也称为中弧线进口角，它是中弧线在进口边的切线与入口额线的夹角。叶型的几何出口角 β_{2r} 也称为中弧线出口角，它是中弧线在出口边的切线与出口额线的夹角。通过总结统计 200 套叶栅的能量损失最小的几何进口角，得到液流入口角在 60°~90°的估算经验公式：

$$\beta_{1r} = \beta_2 / [\; -0.0004136\beta_1^2 + 0.006755\beta_1 - 0.2543 + \tag{3-21}$$

$$(0.0000029\beta_1^2 - 0.0006085\beta_1 + 0.04165)\beta_2\;]$$

推荐的几何出口角 β_{2r} 公式如式(3-22)所示:

$$\beta_{2r} = \arcsin\left(\sin(\beta_2 - \Delta\beta) + \frac{2r_2}{t_{ys}}\right) + \frac{\omega_2}{2} - 0.361\delta \tag{3-22}$$

式中,$\Delta\beta$ 为修正角。

导叶的前缘、后缘圆心连线与额线的夹角为安装角,经验公式如下:

$$\gamma_{angle} = 42 + 40\frac{\beta_2}{\beta_1} - 2\frac{\beta_1}{\beta_2} \tag{3-23}$$

前缘尖角是进口吸力边曲线和压力边曲线延长切线间的夹角。尾缘尖角是出口吸力边曲线和压力边曲线延长切线间的夹角。通常前缘尖角为 $10° \sim 38°$,尾缘尖角为 $1° \sim 4°$。

为了减小尾迹损失,尾缘半径应尽量选小些,推荐公式如下:

$$2r_2 = (0.01 \sim 0.05)l \tag{3-24}$$

式中,l 为叶片的弦长,m。

前缘半径一般比尾缘半径大,推荐公式如下:

$$r_1 = (0.008 \sim 0.081)l \tag{3-25}$$

为了加速流体,旋流器的导叶流道一般是收缩的,喉部宽度是两个叶片之间的最短距离。推荐估算公式如下:

$$O = t_{ys}\sin\beta_{2r} - r_2 \tag{3-26}$$

栅距是叶片某截面上任一点到相邻叶片同一点的垂直距离,叶片稠度值一般在 $1.3 \sim 1.4$ 的范围内。

导叶切线和尾缘尖角作辅助线,该辅助线与叶片喉部处之间的夹角称为后缘转折角。后缘转折角应小于 $15°$,且尽量在 $8° \sim 10°$范围内。

4)导叶参数化建模

导叶型线的结构是通过导叶主要参数建立的,采用参数化建模可以实现导叶结构模型的快速改变,便于导叶结构优化。对于涡轮叶片的型线方法,许多学者通过 B 样条曲线、非均匀样条(NURBS)曲线、多项式曲线和 Bezier 曲线等方程描述型线。其中,型线的形状控制性是判断曲线性能的标准之一。由于 Bezier 曲线具有切矢性,这一特点对于控制几何出/进口角非常方便,且 Bezier 曲线的控制点少,编程难度小,故采用 Bezier 曲线对导叶型线进行描述。

（1）Bezier 曲线简介。

一条 Bezier 曲线由一些空间点构成的控制多边形确定。n 阶 Bezier 曲线的控制点有$(n+1)$个，Bezier 曲线的表达式的矢量形式如下：

$$P(t) = \sum_{j=0}^{n} B_{j,n}(t) P_j \qquad (3-27)$$

式中，Bernstein 函数的表达式如下：

$$B_{j,n}(t) = C_n^j (1-t)^{n-j} t^j (j=0,\ 1,\ 2,\ \cdots,\ n) \qquad (3-28)$$

式中，P_j 为 $n+1$ 个空间控制点矢量；$P(t)$ 为 Bezier 曲线矢量，$0 \leqslant t \leqslant 1$。

（2）两条 Bezier 曲线间的曲率连续问题。

Bezier 曲线的阶数一般不超过五阶，当一条高阶 Bezier 曲线也无法满足复杂形状的需求时，必须使用组合 Bezier 曲线。组合 Bezier 曲线的连接问题是成功描述导叶形状的关键，叶型中的后弯角和叶背曲率，特别是背弧斜切部分的曲率对导叶性能影响较大，所以采用两条二次 Bezier 构成吸力边曲线，并确保其曲率连续。

导叶关键位置的示意图如图 3-22 所示，两条吸力边型线各包含 3 个控制点，其中为了保证曲率连续，连接处的点必须重合，即图 3-22 中的公共点 p，故吸力边的 5 个控制点分别为 g、a、p、b、f。其吸力边曲线的参数方程如下：

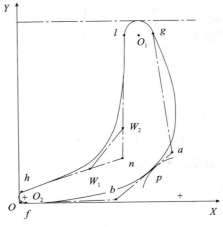

图 3-22 导叶型线控制点示意图

$$P_{\text{gap}}(t) = P_g (1-t)^2 + 2P_a (1-t)t + P_p t^2 \qquad (3-29)$$

$$P_{\text{pbf}}(t) = P_p (1-t)^2 + 2P_b (1-t)t + P_f t^2 \qquad (3-30)$$

式中，t 为参数，$t \in [0,\ 1]$；$P_{\text{gap}}(t)$、$P_{\text{pbf}}(t)$ 分别为由 g、a、p 以及 p、b、f 三个控制点组成的 Bezier 曲线矢量；P_g、P_a、P_p、P_b、P_f 分别为 g、a、p、b、f 空间控制点矢量。

为了保证曲线 gap 和 pbf 在公共点 p 处达到曲率连续，需满足以下条件：a、p、b 三点共线，即 $P'_{\text{gap}}(1) = P'_{\text{pbf}}(0)$；$P''_{\text{gap}}(1) = P''_{\text{pbf}}(0)$。

根据上述连续条件推导得：

$$\begin{cases} 2P_p = P_a + P_b \\ P_g - 2P_a = P_f - 2P_b \end{cases} \qquad (3-31)$$

为满足曲率连续条件，可以推导出 a 点和 b 点坐标：

$$\begin{cases} P_a = (P_g + 4P_p - P_f)/4 \\ P_b = (P_f + 4P_p - P_g)/4 \end{cases} \tag{3-32}$$

（3）导叶型线拟合。

如图 3-22 所示，弦线与出口额线交点处为坐标原点 o。前/后缘小圆与压力边和吸力边相切，切点分别为 l、g、h、f，这 4 条切线的夹角就是前/后缘尖角。压力边 Bezier 曲线的特征多边形的起始/终止点分别为 l 和 h。吸力边由两段二次 Bezier 曲线组成，g、p 和 p、f 分别为第一段和第二段二次 Bezier 曲线的特征多边形的起始/终止点。

利用点之间的几何关系，可以求得圆心 O_1、圆心 O_2、压力边与后缘圆弧切点 h、吸力边与后缘圆弧切点 f、压力边与前缘圆弧切点 l、吸力边与前缘圆弧切点 g、点 n 和喉部点 p 的坐标。引入分割线段比例 H（也称作控制参数），用来在线段 hn、ln 上添加两个控制点 w_1、w_2，并求得控制点坐标。

w_1、w_2 分别为 hn、ln 上的点，采用包含分别与 w_1、w_2 相关的两个元素的一维数组 H，以实现 w_1、w_2 位置的参数化表达。H 的表达式为 $H(i)$，$i = (1, 2)$，$0 \leqslant H(i) \leqslant 1$。

a、b 是吸力边前/后缘切线与喉部切线的交点，这两点的坐标需满足曲率连续条件，可以写成式（3-33）和式（3-34）。

$$\begin{cases} x_a = (x_g + 4x_p - x_f)/4 \\ y_a = (y_g + 4y_p - y_f)/4 \end{cases} \tag{3-33}$$

$$\begin{cases} x_b = (x_f + 4x_p - x_g)/4 \\ y_b = (y_f + 4y_p - y_g)/4 \end{cases} \tag{3-34}$$

根据点 h、w_1、w_2、l 的坐标，得到压力边的三次 Bezier 曲线表达式：

$$\begin{cases} x_{pre}(t) = x_h(1-t)^3 + 3x_{w1}(1-t)^2 t + 3x_{w2}(1-t)t^2 + x_l t^3 \\ y_{pre}(t) = y_h(1-t)^3 + 3y_{w1}(1-t)^2 t + 3y_{w2}(1-t)t^2 + y_l t^3 \end{cases} \tag{3-35}$$

已知点 g、a、p、b、f 的坐标，代入下式，可以得到吸力边曲线表达式：

$$\begin{cases} x_{gap}(t) = x_g(1-t)^2 + 2x_a(1-t)t + x_p t^2 \\ y_{gap}(t) = y_g(1-t)^2 + 2y_a(1-t)t + y_p t^2 \end{cases} \tag{3-36}$$

$$\begin{cases} x_{fbp}(t) = x_p(1-t)^2 + 2x_b(1-t)t + x_f t^2 \\ y_{fbp}(t) = y_p(1-t)^2 + 2y_b(1-t)t + y_f t^2 \end{cases} \tag{3-37}$$

式(3 - 35)~式(3 - 37)中，t 为参数，$t \in [0, 1]$。

前缘圆弧的原点在(x_1, y_1)，半径为 r_1 的曲线的表达式为：

$$(x - x_1)^2 + (y - y_1)^2 = r_1^2 \qquad (3 - 38)$$

后缘圆弧的原点在(x_2, y_2)，半径为 r_2 的曲线的表达式为：

$$(x - x_2)^2 + (y - y_2)^2 = r_2^2 \qquad (3 - 39)$$

综上所述，建立了十三参数的导叶型线的参数化表达式(3 - 35) ~ 式(3 - 39)，其中涉及参数如下：几何进口角 β_{1r}、几何出口角 β_{2r}、安装角 γ_{angle}、轴向弦长 B、前缘尖角 ω_1、尾缘尖角 ω_2、前缘半径 r_1、尾缘半径 r_2、喉部宽度 O、叶栅距离 t_{ys}、后缘转折角 δ。

(4)叶型参数化方程的编制及导叶造型。

利用 Matlab 对建立的参数表达式(3 - 35) ~ 式(3 - 39)进行编制，形成一套快速成型的导叶设计程序，只需依照具体条件，依据式(3 - 21) ~ 式(3 - 26)确定初始叶型关键位置的相关参数，如液流转折角、安装角、栅距等，输入这些参数，导叶型线的参数化表达式便随即建立，同时可以输出吸/压力边、前/后缘圆弧的坐标值和叶型曲线。导叶的造型有两种方法：一种是基于坐标变换的方法，把 Matlab 输出的坐标值经坐标变换形成三维坐标，再通过 Solidworks 里的"放样曲面""填充曲面"和"阵列"形成三维导叶，此方法适用于旋流器半径较小，且导叶包络角较大的情况；另一种直接采用 Solidworks 里的"包覆"命令，将导叶的平面坐标转换成三维结构。

参考文献

[1]梅洛洛，何利民，许仁辞. 复合 T 形管内稠油 - 水预分离性能的研究[J]. 流体机械，2016，44(2)：1 - 6.

[2]张劲松，冯叔初，李玉星，等. 油水分离用水力旋流器流动机理和应用研究[J]. 过滤与分离，2001，11(3)：4.

[3]位革老，刘文礼，梁鹏飞，等. 复合型煤泥旋流器流场模拟[J]. 煤炭学报，2013，38(1)：5145 - 149.

[4]孔惠，陈家庆，桑义敏. 含油废水旋流分离技术研究进展[J]. 北京石油化工学院学报，2004，12(4)：6.

[5]李枫，蒋明虎，赵立新，等. 三次曲线的液 - 液水力旋流器管形设计[J]. 化工机械，2005，32(2)：3.

[6]蒋明虎，李剑石，李枫，等．复合旋流器与静态旋流器性能对比研究[J]．油气田地面工程，2007，26(1)：19－20.

[7]崔新安，彭松梓，申明周，等．静电聚结原油脱水技术现场应用[J]．石油化工腐蚀与防护，2013，30(3)：44－47.

[8]余秀娟，彭松梓，崔新安，等．高含水乳状液静电聚结脱水研究[J]．石油化工腐蚀与防护，2012，29(3)：4.

[9]寇杰，王德华．内置式静电聚结器分离性能影响因素及研究现状[J]．石油化工设备，2017，46(5)：6.

[10]熊豪，张宝生，习进路，等．紧凑型静电分离器的技术进展[J]．北京石油化工学院学报，2015，23(3)：5.

[11]张蔼倩．容器内置式静电聚结器中稠油—水乳状液聚结特性研究[D]．中国石油大学（华东）.

[12]陈家庆，常俊英，王晓轩，等．原油脱水用紧凑型静电预聚结技术(一)[J]．石油机械，2008，36(12)：6.

[13] Gary W S, Harry G W, Davis L T, et al. High velocity electrostatic coalescing oil/water separator：US20080257739A[P]．2008－8－23.

[14] Gary W S, Harry G W, Davis L T, et al. High velocity electrostatic coalescing oil/water separator：US20130327646A[P]．2013－12－12.

[15]苏民德，俞接成，陈家庆．内联式脱液器的设计及其数值模拟[J]．石油机械，2015，43(2)：6.

[16]王涛，周晓艳，戴磊，等．一种新型紧凑式气浮在海洋平台的应用[J]．辽宁化工，2020，49(3)：3.

[17]蔡小垒．气浮旋流一体化水处理技术理论及工程应用研究[D]．北京化工大学，2017.

[18]张超，于立松，段黎娜，等．热电复合高效处理采出液的技术研究[J]．石油科技论坛，2012，31(5)：2.

[19]夏立新，曹国英，陆世维，等．原油乳状液稳定性和破乳研究进展[J]．化学研究与应用，2002，14(6)：623－627.

[20]张建．高压脉冲直流电场影响原油乳状液破乳的机理[J]．油气田地面工程，2004，23(1)：3.

[21]蒋国元．WWER－1000核电站机械与电气[M]．北京：原子能出版社，2009：149－150.

[22]杨策，马朝臣．离心压气机叶轮设计方法研究进展[J]．内燃机工程，2002，23(2)：54－59.

[23]毛羽，时铭显．导叶式旋风子叶片的设计与计算[J]．华东石油学院学报，1983，3：306－318.

[24] 张荣克，廖仲武. 多管第三级旋分器导向叶片参数的计算[J]. 石油化工设备，1987，16 (3)：17 – 22.

[25] 金有海，范超. 导叶式旋风管叶片参数设计方法的研究[J]. 化工机械，1999，26(1)：21 – 24.

[26] Liu S, Yang L L, Zhang D, et al. Separation characteristics of the gas and liquid phases in a vane – type swirling flow field [J]. International Journal of Multiphase Flow, 2018, 107: 131 – 145.

[27] Cai B, Wang J, Sun L, et al. Experimental study and numerical optimization on a vane – type separator for bubble separation in TMSR[J]. Progress in Nuclear Energy, 2014, 74: 1 – 13.

[28] 聂涛，王振波，金有海. 导向叶片对导叶式旋流器内流场的影响[J]. 化工机械，2008，35(4)：224 – 227.

[29] 金向红，金有海，王振波，等. 导叶角度对轴流式气液旋流器分离性能的影响[J]. 石油机械，2008，36(2)：1 – 5.

[30] Wang Y, Hu D. Experimental and numerical investigation on the blade angle of axial – flow swirling generator and drainage structure for supersonic separators with diversion cone [J]. Chemical Engineering Research and Design, 2018, 133: 155 – 167.

[31] Zhang H, Li Y Z, Li J X, et al. Study on separation abilities of moisture separators based on droplet collision models[J]. Nuclear Engineering and Design, 2017, 325: 135 – 148.

[32] 钟芳源. 燃气轮机设计基础[M]. 北京：机械工业出版社，1987：138 – 189.

[33] Nieuwstadt F T M, Dirkzwager M. A fluid mechanics model for an axial cyclone separator[J]. Industrial & engineering chemistry research, 1995, 34(10): 3399 – 3404.

[34] Dirkzwager M. A new axial cyclone design for fluid – fluid separation[D]. Delft: Delft University of Technology, 1996: 41 – 64.

[35] Van Campen L. Bulk dynamics of droplets in liquid – liquid axial cyclones [D]. Delft: Delft University of Technology, 2014: 59 – 112.

[36] Van Campen L, Mudde R F, Slot J, et al. A numerical and experimental survey of a liquid – liquid axial cyclone[J]. International journal of chemical reactor engineering, 2012, 10(1): 1205 – 1224.

[37] Slot J. J. Development of a centrifugal in – line separator for oil – water flows[D]. Enschede: University of Twente, 2013: 31 – 49.

[38] 刘小民，张文斌. 采用遗传算法的离心叶轮多目标自动优化设计[J]. 西安交通大学学报，2010，44(1)：31 – 35.

[39] 刘润泽，张晓东，安柏涛，等. 非均匀有理 B 样条曲线及节点插入算法在透平叶片优化设计中的应用[J]. 航空动力学报，2010，25(2)：451 – 458.

[40]马文生. 多级轴流压气机气动优化设计研究[D]. 清华大学, 2009.

[41]周卫东, 王瑞和, 沈忠厚, 等. Bezier 曲线在井底增压钻井离心泵叶片三维造型中的应用 [J]. 钻采工艺, 2008, 31(3): 84-86.

[42]陈宝平, 尹志凌. 基于有理二次 Bezier 曲线的 G2 连续的插值曲线[J]. 内蒙古大学学报 (自然科学版), 2004, 35(4): 464-466.

第4章 油水分离设备数值模拟

第1节 油水分离设备模拟基础

针对油水分离设备内流场性质，主要的研究方法有理论流体力学、实验流体力学和计算流体力学，这3种研究方法各有优势，互相补充，共同构成了流体力学的基础。在3种方法中，实验流体力学最为直观明显，实验数据可靠真实，这些优势在流体力学发展过程中最初让实验流体力学处于关键地位。但由于流场的复杂性，很多实验数据很难测量甚至无法进行实验，即便一些实验花费大量科研费用，可关键的实验数据还是无法获得。而计算流体力学利用计算机代替实验装置完成"计算"实验，可以在某种流体的特定条件下解得流场相关信息，为工程技术人员提供了一个简单便宜的实际工况模拟仿真的操作平台。随着计算机性能的不断发展，计算流体力学的应用领域越来越广泛，目前在航空航天、热能动力、土木水利、汽车工程、铁道、船舶工业、流体机械等领域已大量应用。

利用计算流体力学研究油水分离设备的原理是，将所研究的分离设备的物理模型进行必要的简化和抽象，去除设备结构中一些对研究目标影响可忽略的设备细节，建立分离设备的计算区域模型。再将计算区域模型的表面和整个计算域进行空间网格划分，使网格满足一定的数值计算要求。紧接着给定分离设备的初始条件，即入口条件和出口条件。最后选择适当的算法(包括求解过程和精度条件等)进行计算。所以数值模拟实质是利用将物理结构转化为分散的节点，通过边界条件和一定的计算算法，从边界节点开始向计算域内进行迭代，通过有限次数的迭代使其接近精确值，最终用最接近精确值的物理量来构造出物理场。

对于油水分离设备而言，我们采用数值模拟的方法，主要是为了获得油水分离设备内部的流场规律，如速度分布规律、压力分布规律、流体颗粒运动规律等。从而掌握流体在油水分离设备内的流动状态，为油水分离效果的提高提供科学依据。数值模拟在设备优化方面具有巨大的优势，对于某种设备而言，不同工程应用条件，其分离效果差异很大。为了寻找某种具体工况下最优的分离设备结构，需要进行大量尺寸优化工作，而这项工作通过数值模拟的方法则较为简单和经济。因此，对于工程设计人员，油水分离设备的数值模拟是非常重要的一项工作。

一、基本方程

流体的流动必须符合物理守恒的基本定律。守恒的物理基础定律通常包括质量守恒、动量守恒和能量守恒。如果流量由不同流体成分的混合物或相互作用组成，则流量体系还必须考虑其是否符合成分守恒定律。如果流体体系处于湍流状态，则流动体系还要考虑与湍流传输有关的其他方程式。

1. 质量守恒方程

质量守恒方程也被称为连续方程，任何流动的问题都一定要满足质量守恒基本定律。该守恒定律的定义如下：单位时间内流体微元体中质量的增加，等于单位时间内流入该微元体的质量与流出微元体的质量之差。按照这一定律，直角坐标系下的质量守恒方程如下：

$$\frac{\partial p}{\partial t} + \frac{\partial(\rho u)}{\partial x} + \frac{\partial(\rho v)}{\partial y} + \frac{\partial(\rho \omega)}{\partial z} = 0 \qquad (4-1)$$

式中，ρ 为密度，kg/m^3；t 为时间，s；u、v、w 分别为速度矢量在 x、y 和 z 方向的分量，m/s。

上面给出的是瞬态三维可压流体的质量守恒方程。如果流体不可压，密度 ρ 为常数，式(4-1)变为：

$$\frac{\partial u}{\partial x} + \frac{\partial v}{\partial y} + \frac{\partial \omega}{\partial z} = 0 \qquad (4-2)$$

若流动处于稳态，则密度 ρ 不随时间变化，式(4-1)变为：

$$\frac{\partial(\rho u)}{\partial x} + \frac{\partial(\rho v)}{\partial y} + \frac{\partial(\rho \omega)}{\partial z} = 0 \qquad (4-3)$$

对于圆柱坐标系，式(4-1)变为：

$$\frac{\partial \rho}{\partial t} + \frac{\partial(\rho v_r)}{r \partial r} + \frac{\partial(\rho v_\theta)}{r \partial \theta} + \frac{\partial(\rho v_z)}{\partial z} = 0 \qquad (4-4)$$

2. 动量守恒方程

动量守恒方程也是任何流动系统都必须满足的普遍定律。该定律可表述为：

微元体中流体的动量对时间的变化率等于外界作用在该微元体上的各种力之和，其数学表达式即为动量守恒方程，也称为运动方程，或 N – S 方程。考虑不可压流动，动量守恒方程如下：

$$\rho\,\frac{\partial u}{\partial t} = \rho F_{\mathrm{bx}} + \frac{\partial(p_{xx})}{\partial x} + \frac{\partial(p_{yx})}{\partial y} + \frac{\partial(p_{zx})}{\partial z} \tag{4-5}$$

$$\rho\,\frac{\partial v}{\partial t} = \rho F_{\mathrm{by}} + \frac{\partial(p_{xy})}{\partial x} + \frac{\partial(p_{yy})}{\partial y} + \frac{\partial(p_{zy})}{\partial z} \tag{4-6}$$

$$\rho\,\frac{\partial w}{\partial t} = \rho F_{\mathrm{bz}} + \frac{\partial(p_{xz})}{\partial x} + \frac{\partial(p_{yz})}{\partial y} + \frac{\partial(p_{zz})}{\partial z} \tag{4-7}$$

式中，F_{bx}、F_{by}、F_{bz} 分别是单位质量流体上的质量力在 3 个方向的分量，N；p_{yx}、p_{zx}、p_{xy} 为流体内应力张量，Pa。

可压缩黏性流体的动量守恒方程为：

$$\rho\,\frac{\mathrm{d}u}{\mathrm{d}t} = \rho f_x - \frac{\partial p}{\partial x} + \frac{\partial}{\partial x}\left\{\mu\left[2\frac{\partial u}{\partial x} - \frac{2}{3}\left(\frac{\partial u}{\partial x} + \frac{\partial v}{\partial y} + \frac{\partial w}{\partial z}\right)\right]\right\} + \tag{4-8}$$
$$\frac{\partial}{\partial y}\left[\mu\left(\frac{\partial u}{\partial y} + \frac{\partial v}{\partial x}\right)\right] + \frac{\partial}{\partial z}\left[\mu\left(\frac{\partial w}{\partial x} + \frac{\partial u}{\partial z}\right)\right]$$

$$\rho\,\frac{\mathrm{d}v}{\mathrm{d}t} = \rho f_y - \frac{\partial p}{\partial y} + \frac{\partial}{\partial y}\left\{\mu\left[2\frac{\partial v}{\partial y} - \frac{2}{3}\left(\frac{\partial u}{\partial x} + \frac{\partial v}{\partial y} + \frac{\partial w}{\partial z}\right)\right]\right\} + \tag{4-9}$$
$$\frac{\partial}{\partial z}\left[\mu\left(\frac{\partial v}{\partial z} + \frac{\partial w}{\partial y}\right)\right] + \frac{\partial}{\partial x}\left[\mu\left(\frac{\partial u}{\partial y} + \frac{\partial v}{\partial x}\right)\right]$$

$$\rho\,\frac{\mathrm{d}w}{\mathrm{d}t} = \rho f_z - \frac{\partial p}{\partial z} + \frac{\partial}{\partial z}\left\{\mu\left[2\frac{\partial w}{\partial z} - \frac{2}{3}\left(\frac{\partial u}{\partial x} + \frac{\partial v}{\partial y} + \frac{\partial w}{\partial z}\right)\right]\right\} + \tag{4-10}$$
$$\frac{\partial}{\partial x}\left[\mu\left(\frac{\partial w}{\partial x} + \frac{\partial u}{\partial z}\right)\right] + \frac{\partial}{\partial x}\left[\mu\left(\frac{\partial v}{\partial z} + \frac{\partial w}{\partial y}\right)\right]$$

式中，μ 为流体的黏度，Pa·s。

3. 能量守恒方程

能量守恒定律表示流体控制体的能量改变率与控制体的热量的改变量和外界对控制体做功的和大小相等，其表达式为：

$$\frac{\partial}{\partial t}(\rho E) + \frac{\partial}{\partial x_i}\left[u_i(\rho E + p)\right] = \frac{\partial}{\partial x_i}\left[k_{\mathrm{eff}}\frac{\partial T}{\partial x_i} - \sum_{j'} h_{j'}J_{j'} + u_j\,(\tau_{ij})_{\mathrm{eff}}\right] + S_{\mathrm{h}}$$

$$\tag{4-11}$$

式中，E 为流体控制体总能，其大小与内能、动能和势能的和相等，J/kg；T 为温度，K；k_{eff} 为热传导系数，W/(m·K)，$k_{\mathrm{eff}} = k + k_{\mathrm{t}}$；$k_{\mathrm{t}}$ 为湍流热传导系数；

J_j 为组分 j 的扩散通量；S_h 为体积热源项。

二、湍流模型

流体力学中流动状态有层流和湍流两种，从油井出来的采出液流速比较大，大部分的油水分离器的流动状态属于湍流流动，层流流动的分离器较少。对于圆管内流动，当 $Re \leqslant 2300$ 时，管内流动为层流；当 $Re \geqslant 8000$ 时，管内流动为湍流；当 $2300 < Re < 8000$，管内流动为层流与湍流间的过渡区。湍流时流体间的摩擦和碰撞要比层流间的频繁，迹线变化比层流复杂。湍流流动的核心特征是其在物理上近乎无穷多的尺度和数学上强烈的非线性，使得掌握湍流十分困难。

Fluent 软件湍流模型有 Spalart – Allmaras 方程模型、$k-\varepsilon$ 模型、雷诺应力模型（RSM）、大涡模型（LES）等，其中 $k-\varepsilon$ 模型又细分为 Standard $k-\varepsilon$ 模型、RNG $k-\varepsilon$ 模型以及 Realizable $k-\varepsilon$ 型 3 种。

目前采用较多的方法是采用 $k-\varepsilon$ 模型方法对方程求解，忽略了分子间黏性，在复杂 3D 流动求解时求解精度高，在需要大量计算并很难收敛时，本节不对该方法做详细的解析，仅对 Standard $k-\varepsilon$ 模型和 RNG $k-\varepsilon$ 模型以及 Realizable $k-\varepsilon$ 模型进行对比选择。目前在数值模拟中应用较广的几种湍流模型主要有标准 $k-\varepsilon$ 模型、RNG $k-\varepsilon$ 模型和雷诺应力模型。

1. 标准 $k-\varepsilon$ 模型

标准 $k-\varepsilon$ 模型是双方程湍流模型，通过求解湍动能（k）和耗散率（ε）两个独立的运输方程，设流体处于完全湍流状态，确定湍流的长度和时间尺度。分子黏度的影响可以忽略不计。因此，标准 $k-\varepsilon$ 模型只适用于完全湍流流动。

$$\rho \frac{\partial k}{\partial t} = \frac{\partial}{\partial x_i}\left[\left(\mu + \frac{\mu_t}{\sigma_k}\right)\frac{\partial k}{\partial x_i}\right] + G_k + G_b - \rho\varepsilon - Y_M \qquad (4-12)$$

$$\rho \frac{\partial \varepsilon}{\partial t} = \frac{\partial}{\partial x_i}\left[\left(\mu + \frac{\mu_t}{\sigma_\varepsilon}\right)\frac{\partial \varepsilon}{\partial x_i}\right] + C_{1\varepsilon}\frac{\varepsilon}{k}(G_k + C_{3\varepsilon}G_b) - C_{2\varepsilon}\rho\frac{\varepsilon^2}{k} \qquad (4-13)$$

式中，k 为湍流动能，m^2/s^2；ε 为耗散率，m^2/s^3；μ_t 为湍流黏度系数，$Pa \cdot s$；G_k 为由平均速度梯度产生的湍流动能，$kg/(m \cdot s^2)$；G_b 为由浮力产生的湍流动能，$kg/(m \cdot s^2)$；Y_M 为可压速湍流脉动膨胀对总的耗散率的影响，$kg/(m \cdot s^2)$；σ_k 为湍动能对应的普朗特数，取 $\sigma_k = 1.0$；σ_ε 为与湍动能耗散率相对应的普朗特数，取 $\sigma_\varepsilon = 1.2$。

2. RNG $k-\varepsilon$ 模型

标准 $k-\varepsilon$ 模型是双方程湍流模型，通过求解湍动能 (k) 和耗散率 (ε) 两个独立的运输方程，确定湍流的长度和时间尺度。k 方程是精确方程，ε 方程是经验公式导出方程。在模型的推导过程中，假设流体处于完全湍流状态，分子黏度的影响可以忽略不计。因此，标准 $k-\varepsilon$ 模型只适用于完全湍流流动。

$$\rho \frac{\partial k}{\partial t} = \frac{\partial}{\partial x_i}\left[\left(\alpha_k \mu_{\text{eff}}\right)\frac{\partial k}{\partial x_i}\right] + G_k + G_b - \rho\varepsilon - Y_M \qquad (4-14)$$

$$\rho \frac{\partial \varepsilon}{\partial t} = \frac{\partial}{\partial x_i}\left[\left(\alpha_\varepsilon \mu_{\text{eff}}\right)\frac{\partial \varepsilon}{\partial x_i}\right] + C_{1\varepsilon}\frac{\varepsilon}{k}\left(G_k + C_{3\varepsilon}G_b\right) - C_{2\varepsilon}\rho\frac{\varepsilon^2}{k} - R \qquad (4-15)$$

式中，α_k、α_ε 为湍动能和耗散率的有效湍流普朗特数的倒数；u_{eff} 为有效动力黏度，$kg/(m \cdot s)$；R 为 ε 方程中的附加项，$kg/(m \cdot s^2)$。通过修改湍流黏度来修正湍流受主流场的旋转和旋涡的影响。

3. Realizable $k-\varepsilon$ 模型

对于流体内部流场模拟，标准 $k-\varepsilon$ 模型的 ε 方程源项进行改进，将 C_μ、$C_{\varepsilon1}$ 和 $C_{\varepsilon2}$ 等系数作为服从某种规律的函数，不可作为常数，其中 Realizable $k-\varepsilon$ 更具有代表性。其中，湍动能 k 与湍动能耗散率 ε 方程如下：

$$\rho \frac{\partial k}{\partial t} = \frac{\partial}{\partial x_i}\left[\left(\mu + \frac{\mu_t}{\sigma_k}\right)\frac{\partial k}{\partial x_i}\right] + G_k + G_b - \rho\varepsilon - Y_M \qquad (4-16)$$

$$\rho \frac{\partial \varepsilon}{\partial t} = \frac{\partial}{\partial x_i}\left[\left(\mu + \frac{\mu_t}{\sigma_\varepsilon}\right)\frac{\partial \varepsilon}{\partial x_i}\right] + \rho C_1 S\varepsilon - \rho C_2 \frac{\varepsilon^2}{k + \sqrt{v\varepsilon}} + C_{1\varepsilon}\frac{\varepsilon}{k}C_{3\varepsilon}G_b \qquad (4-17)$$

式中，$C_{1\varepsilon}$、$C_{2\varepsilon}$、$C_{3\varepsilon}$ 为经验常数；C_1、C_2 为常数。

Realizable $k-\varepsilon$ 模型与标准 $k-\varepsilon$ 模型具有相同的形式，但 Realizable $k-\varepsilon$ 模型中 ε 方程中增加了一个附加生成项，该附加项随着应变率而变化，从而在一定程度上弥补了标准 $k-\varepsilon$ 模型中的一些不足。Realizable $k-\varepsilon$ 模型在多种类型的两流体模拟中应用，包括旋转均匀剪切流、射流和混合流中的自由流动、管道内流动以及带分离的流动等。为了尽可能真实地模拟分离器内油水两相分离，在模拟过程中选用 Realizable $k-\varepsilon$ 模型。

4. RSM 模型

RSM 湍流模型是最精细的 RANS 湍流模型。RSM 模型摒弃了各向同性的涡黏度假设，对雷诺应力张量的所有分量构造附加输运方程，联立方程求解时均化的 N-S 方程。雷诺应力的输运方程如式(4-18)所示：

$$\frac{\partial}{\partial t}(\rho \, \overline{u_i u_j}) + \frac{\partial}{\partial x_k}(\rho U_k \, \overline{u_i u_j}) = -\frac{\partial}{\partial x_k}\left[\rho \, \overline{u_i u_j u_k} + p(\overline{\delta_{kj} u_i} + \overline{\delta_{ik} u_j})\right] + \frac{\partial}{\partial x_k}\left[\mu \, \frac{\partial}{\partial x_k}\overline{u_i u_j}\right] -$$

$$\rho\left(\overline{u_i u_k \frac{\partial U_j}{\partial x_k}} + \overline{u_j u_k \frac{\partial U_i}{\partial x_k}}\right) - \rho\beta(g_i \, \overline{u_j \theta} + g_j \, \overline{u_i \theta}) + p\left(\overline{\frac{\partial u_i}{\partial x_j} + \frac{\partial u_j}{\partial x_i}}\right) - 2\mu \, \overline{\frac{\partial u_i}{\partial x_k}\frac{\partial u_j}{\partial x_k}} -$$

$$2\rho\Omega_k(\overline{u_j u_m}\varepsilon_{ikm} + \overline{u_i u_m}\varepsilon_{jkm})$$

$$(4-18)$$

式中，$\rho \, \overline{u_i u_j}$ 为雷诺应力。

5. 大涡模拟（LES）

在湍流模拟中，计算区域的大小需要包括湍流中出现的最大涡流，而通过减小计算网格的大小来解决最小涡的运动。但是，就当前的计算机性能而言，可以使用的计算网格的最小规模仍然比最小旋涡大得多。因此，只能放弃对满量程范围内旋涡运动的模拟而仅通过瞬态的 N－S 方程来直接模拟一个大涡，不直接计算小涡，而是通过一个近似大涡仿真模型的方法来考虑一个小涡对于大涡的影响，当前的大涡模型仿真的方法是这样提出来的。一般来说，大型涡流仿真依旧需要较高的内存和 CPU 速率，可是相比直接仿真要低许多。大型涡流仿真工作已经可以在工作站上进行。在大涡模拟过程中，直接求解大涡，小尺度涡旋模拟对网格的要求并不特别高。

6. 直接模拟（DNS）

所谓的直接数值建模计算方法，也就是通过使用三维非平稳的 N－S 方程对复杂的湍流进行直接的数值建模计算。如果要直接数值建模计算非常复杂的建模工程湍流，必须通过使用很小的时间和空间特征步长的方法来精确分析详细的空间结构和剧烈的湍流时间特征。因此，数值建模计算的需求量很大，对于计算机的性能要求也很高。目前，DNS 数值计算方法已经无法应用于实际的直接建模工程湍流计算。

三、多相流模型

对于多相流动有两种模拟方法，一种是欧拉－拉格朗日法，另一种是欧拉－欧拉法。

欧拉－拉格朗日法通过求解时均 N－S 方程得到连续相流场，考虑分散相和连续相之间的动量、质量和能量交换，通过跟踪大量分散相颗粒的运动来实现分散相和连续相之间流场的耦合，最终得到整个流场信息和分散相颗粒的运动轨迹。采用该模型的基本假设为分散相的体积分率很小，但质量分率可以很大。

欧拉－欧拉法是把不同相都处理成相互贯穿的连续相，一相的体积在空间上不能被另一相占据。虽然相分率是空间和时间的函数，但在任意空间位置和任意时间，相分率之和为1。各相的质量、动量和能量方程组成欧拉－欧拉法求解的本构方程组，通过一些经验本构方程来实现方程组的封闭。Fluent 中提供了 3 种欧拉－欧拉法多相模型，即 VOF 模型、混合模型和欧拉模型。

1. VOF 模型

VOF 模型在固定的欧拉网格中应用界面(表面)跟踪技术，它主要用于求解两个或多个不相溶介质之间的界面位置。在该模型中，各相共用一组动量方程，在每个计算网格中跟踪各相的相分率，从而确定界面的运动位置。该模型可用于模拟分层流、自由界面流、液体中大气泡的运动以及容器破裂后液体的运动。

2. 混合模型

混合模型是一种简化的多相流模型，它可用来求解以不同速度运动的多相流动。它假设在非常小的空间尺度上是平衡的，相之间的耦合非常强烈，因此，可以用于均相流和有相间滑移的多相流动。

混合模型可以用于 n 相流体和颗粒运动，该模型方程组由混合物的动量方程、连续性方程、能量方程、第二相的体积分率方程和相间滑移速度的代数表达式组成。典型的应用包括旋流分离器、低携带率的粒子携带流和低体积含气率的泡状流。

3. 欧拉模型

欧拉模型是 Fluent 提供的最复杂的多相流模型，它求解 n 个动量方程和连续性方程，通过压力和相交换系数进行方程组的耦合。在该模型中，第二相的数量只受计算机内存和守恒准则的限制。

该模型的使用限制条件主要有：只能用湍流模型；粒子跟踪时只考虑各相和连续相的相互作用；不能用于可压缩流；不能用于无黏流；对时间步不能采用二阶隐式格式；不能用于粒子混合和反应流动；不能用于凝固和熔化；不能考虑热传递。

VOF 模型不能用于求解所研究的多相旋转流动，只能采用混合模型或欧拉模型。这两个模型的选用主要基于以下考虑：若分散相在整个计算区域内分布范围很宽，可以选用混合模型；若分散相只集中在部分计算区域中，应选用欧拉模型。若知道内相拖曳函数，选用欧拉模型，否则选用混合模型。若对计算精度要求不高，选用混合模型，否则选用欧拉模型。

四、离散格式

数值模拟计算是利用变量的离散分布近似解算代替定解问题精确解的连续数值，这种方法叫作离散近似，当网格节点比较密集时，离散方程的解将趋于相应微分方程的精确解。

根据应变量在节点之间的分布假设和推导离散方程的方法不同，形成了有限差分法、有限元法和有限元体积法等离散化方法。①有限差分法（Finite Difference Method，简称 FDM）：是将求解域划分成差分网格，用有限网格节点代替连续的求解域，然后用差商代替偏微分方程的导数，推导出含油离散点上有限个未知数的差分方程组，这是一种直接将微分问题变为代数问题的近似数值解法。这种方法在数值解法中最经典，较多地用于求解双曲型和抛物型问题。②有限元法（Finite Element Method，简称 FEM）：是将一个连续的求解域随便分成形状适当的许多微小单元，然后与各小单元分片形成插值函数，再根据极值原理，将问题的控制方程转变为所有单元上的有限元方程。有限元法的基础是划分插值和极值原理。它具有较为广泛的适应性，但计算速度较慢，主要应用于固体力学的分析。③有限体积法（Finite Volume Method，简称 FVM）的基本方法简单来说就是，子域法加离散。针对离散方法来说，有限体积法可视为 FDM 和 FEM 的中间物，其优点表现在，FVM 要求因变量的积分守恒对任意一组控制体积都得到满足。其特点是计算精度高，且较大多数的商用 CFD 软件都采用这样方法。

离散格式方程左边表示了对流项和雷诺应力的时间变化率，方程右边则分别表示扩散项、压力应变项、产生项和耗散项。为了使此方程成立，需要做出许多假设和简化。对于扩散项，应用 Daly 和 Harlow 的广义梯度扩散模型来模拟，并用标量湍流扩散系数将扩散项简化。对于耗散项来说，在高雷诺数条件下，小尺度涡结构趋近于各向同性，而黏性作用只引起湍能的耗散。因此，将二阶张量形式的耗散项简化为标量湍能 ε。对于产生项，由浮力作用而产生的产生项用方程来模拟。对于压力应变项有两种模化方式，分别是线性应力模型（Linear – RSM，Linear Pressure – Strain Model）和非线性二阶应力模型（Quadratic – RSM，Quadratic Pressure – St rain Model），并分别在低雷诺数下对上述两种模型进行修正。

1. 中心差分格式

所谓中心差分格式(Central Differencing Scheme)，便是界面上的物理量采取线性插值公式来计算。

对于已知的均匀网格，我们能写出控制体积的界面上物理量 φ 的值：

$$\phi_e = \frac{\phi_P + \phi_E}{2} \tag{4-19}$$

$$\phi_w = \frac{\phi_P + \phi_w}{2} \tag{4-20}$$

将上式代入对流项后，有：

$$\frac{F_e}{2}(\phi_P + \phi_E) - \frac{F_w}{2}(\phi_W + \phi_P) = D_e(\phi_E - \phi_P) - D_w(\phi_P - \phi_W) \tag{4-21}$$

改写上式后，有：

$$\left[\left(D_w - \frac{F_w}{2}\right) + \left(D_e + \frac{F_e}{2}\right)\right]\phi_P = \left(D_w + \frac{F_w}{2}\right)\phi_W + \left(D_e - \frac{F_e}{2}\right)\phi_E \tag{4-22}$$

加入连续方程的离散形式，上式将变成：

$$\left[\left(D_w - \frac{F_w}{2}\right) + \left(D_e + \frac{F_e}{2}\right) + (F_e - F_w)\right]\phi_P = \left(D_w + \frac{F_w}{2}\right)\phi_W + \left(D_e - \frac{F_e}{2}\right)\phi_E$$
$$\tag{4-23}$$

将上式中 ϕ_P、ϕ_W、ϕ_E 前的系数分别用 a_P、a_W 和 a_E 表示，得到中心差分格式的对流 – 扩散方程的离散方程：

$$a_P\phi_P = a_w\phi_w + a_E\phi_E \tag{4-24}$$

式中：

$$\begin{cases} a_W = D_w + \dfrac{F_w}{2} \\[2mm] a_E = D_e - \dfrac{F_e}{2} \\[2mm] a_P = a_w + a_E + (F_e - F_w) \end{cases} \tag{4-25}$$

2. 一阶迎风格式

在中心差分格式中，界面 w 处物理量 φ 的值时常被 ϕ_P 和 ϕ_W 的值联合作用。

当流动沿着正方向是 $u_w > 0$，$u_e > 0 (F_w > 0，F_e > 0)$ 时，存在：

$$\phi_m = \phi_H，\phi_c = \phi_P \tag{4-26}$$

此时，离散方程变为：

$$F_e\phi_p - F_e\phi_w = D_e(\phi_\varepsilon - \phi_p) - D_w(\phi_p - \phi_w) \qquad (4-27)$$

引入连续方程的离散形式，上式变成：

$$[(D_w + F_w) + D_e + (F_e - F_w)]\phi_p = (D_w + F_w)\phi_w + D_e\phi_E \qquad (4-28)$$

当流动沿着负方向，即 $u_w < 0$、$u_e < 0$($F_w < 0$，$F < 0$)时，一阶迎风格式规定：

$$\phi_u = \phi_p, \ \phi_c = \phi_E\phi_c = \phi_E \qquad (4-29)$$

此时，方程(4-27)变为：

$$[D_w + (D_e - F_e) + (F_e - F_H)]\phi_p = D_w\phi_w + (D_e - F_e)\phi_e \qquad (4-30)$$

界面上未知量一般取上流节点的值，而中心差分则取上、下流节点的算术平均值。这是两类样式间的本质差距，是因为这类迎风格式具备一阶截差，所以被称作一阶迎风格式。一阶迎风格式在所有情况下都不会引起波动，无中心差分格式中的 $P_e < 2$ 的限定。特别是在对软件的调试或计算过程中，例如多层网格的粗化单层网格或迭代问题的初始值的正确选择，一阶迎风格式因其绝对稳定的设计特征被广泛接受。

一阶迎风样式的主要缺点是：当流动方向不垂直于控制面时，易产生假扩散和数值扩散，导致错误的结果。假扩散与网格尺寸有关，网格越细，假扩散的程度越低，结果越准确。研究结果表明，在相同网格空间的节点数下存在对流项，然而中心差的数值无中心差波动的参数。在这个范围内，利用中心差的格式计算结果的误差一般远远小于利用一阶迎风格式的计算结果误差。

3. 指数格式

指数格式(Exponential Scheme)是利用方程的准确解建立的分散方式。它结合了扩散和对流的作用，这与以前的离散方案有差异。当应用于指数格式的稳态问题时，可以确保精确地解决每个 Pelclet 数和每个网格点数。尽管此方案比较完美，但由于以下原因而未被频繁使用：指数运算是费时的；对于二维或三维的特殊复杂性分析问题，以及源项不为零的特殊复杂情况，这种新的解决问题方案很有可能会导致错误的结果。

4. 乘方格式

乘方格式(Power-Law Scheme)属于离散格式，类似于上面我们介绍的迎风格式和指数格式。它比迎风格式和混合格式节省了时间，它具备与迎风格式和混合格式类似的属性，并且这种格式可以很好地代替迎风格式和指数格式。这种离散格式也经常在许多 CFD 程序中使用。

5. 高阶离散格式

尽管程序中使用这种迎风格式可以很好地保证计算的准确性和稳定性，满足了精度和移动性的要求，但是容易造成数值的扩散和误差（虚假的数值扩散），而高阶的离散格式和指数格式方案则可以更加显著地减少该格式的误差。其中QUICK格式是比较常用的格式。QUICK格式是一种改进离散方程截差的方法，其插值格式具有二阶精度，并且QUICK格式具有守恒特性。对于与流动方向对齐的结构网格而言，QUICK格式将产生比二阶迎风格式等更精确的计算结果。

五、边界条件

边界条件有两种，分为流动变量和热变量在边界处的数值。边界条件十分重要，在Fluent中是不可或缺的一环。当一个物理问题有唯一的解时，确定它需要指定在边界上的流场变量，对进入流体域的质量流量、动量、能量等进行选定。边界条件的各个数值设定须小心谨慎，一点小偏差都会引起整个计算结果的偏离。想确定边界条件需确定以下信息：确定边界的位置以及提供边界上的信息。边界上需要的数据由边界条件类型和所采用的物理模型来决定。

将边界条件进行分类，可分为进出口边界条件：压力入口、速度入口、质量入口、进风口、进气扇、压力出口、压力远场、通风口、排气扇、自由出口、壁面等。

壁面边界条件：在黏性流动中，壁面采用无滑移边界条件，也可以指定剪切应力。热边界条件：有几种类型的热边界条件，对一维或薄壳导热计算，可以指定壁面材料和厚度。

对湍流可以指定壁面粗糙度，基于局部流场的壁面剪切应力和传热。边界条件可以在边界条件面板中设置，也可以从一个面拷贝到其他面，边界条件也可以通过UDF和分布文件来定义。

第2节　切向旋流式油水分离设备

一、数值模型的构建

在数值模拟的基本理论研究的基础上，针对切向式油水分离器内流体域进行物理模型和计算模型的构建,为切向式油水分离器内流场特性研究奠定基础。

1. 几何结构

本小节研究的切向式油水分离器结构参数如表4-1所示,结构如图4-1所示。旋流器分为矩形入口区、入口旋流区、溢流管区和锥段区4个部分。

表4-1 切向式油水分离器结构参数

D	β	D_u	D_o	h	$a \times b$
50mm	11.4°	25mm	25mm	25mm	10mm×25mm

2. 网格划分

采取ICEM软件进行网格划分,利用Robust(Octree)方法划分非结构化网格,并划分边界层网格。网格结构如图4-2所示。

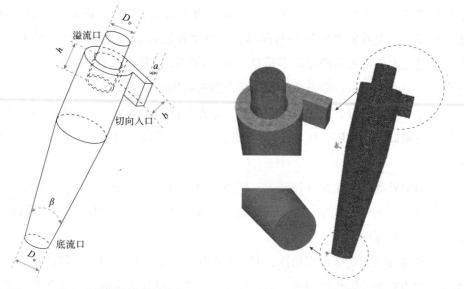

图4-1 切向式旋流分离器结构   图4-2 网格结构图

为了确保网格可以为切向式油水分离器油水模型提供更准确的流场信息,基于$Z = -0.5m$截面上贯穿圆柱体且穿过轴心的直线上的合速度进行了网格独立性分析,以选择最经济的网格数量,从而为所研究的切向式油水分离器提供更准确的流场分析。采用93万网格高估了合速度的峰值,当网格数量增加到115万时,继续增加网格对速度分布影响较小,仅在轴心部分速度略有差异。因此,为了在保证准确性的前提下尽量缩减计算成本,选择115万网格进行数值分析。

3. 边界条件

介质物性参数：本小节仅对切向旋流器的流场特性进行分析，且针对含水量较高的情况，此时处理介质与水非常接近，具体物性参数包括：水密度为 998.2kg/m³，黏度为 0.001kg/(m·s)。

入口边界条件采用速度入口，入口速度为 1m/s；溢流口和底流口均采用 Outflow(自由出流)，分流比为 0.2，管壁设置为无滑移壁面。

流场的入口还需要定义流场的湍流参数，在 Turbulence Specification Method (湍流定义方法)中，选择水力直径和湍流强度来定义入口边界上的湍流。湍流强度的计算方法为：

$$I = 0.16Re_{\mathrm{DH}}^{-0.125} \qquad (4-31)$$

式中，Re_{DH} 为水力直径下的雷诺数。

水力直径的计算方法如下：

$$R_{\mathrm{DH}} = \frac{4A}{L} \qquad (4-32)$$

式中，A 为入口圆环面积，m²；L 为湿周，m。

经计算，本例的水力直径为 14.8mm，湍流强度为 4.8%。

4. 离散格式

本小节采用的 fluent 软件就是采用有限体积法，具体离散格式为：压力–速度耦合采用 SIMPLE 算法，梯度采用 Least Squares Cell Base，压力和动量度采用二阶精度，湍动能和湍动能耗散率采用一阶迎风格式。

5. 湍流模型

本小节采用标准 $k-\varepsilon$ 模型，是一种双方程湍流模型，如式(4-14)和式(4-15)所示，通过求解湍动能(k)和耗散率(ε)两个独立的运输方程，确定湍流的长度和时间尺度。设流体处于完全湍流状态，分子黏度的影响可以忽略不计。

二、切向式旋流分离器流场分析

在切向式旋流分离器的数值模型的基础上，利用 Fluent 软件进行了数值运算，并分析流场分布特性，为油水切向式旋流器的设计和优化提供科学依据。

1. 速度场分布

速度场分布特性是旋流分离器的主要研究对象之一，通常将合速度分解为切向速度、轴向速度和径向速度。其中，切向速度决定着旋流强弱，而油水两相就是借助旋流产生的离心力将二者分离开，所以切向速度是 3 个速度中最重要的；径向速度与其他两个方向速度相比，由于数值较小，分布规律性弱，研究得最少。

1）切向速度分布

图 4-3 为 $X=0$ 截面切向速度分布云图。由图可知，入口处速度最大，大约在 1.45m/s，轴心和壁面处速度较小。在轴心处存在一个直径较大的圆柱形低速区，说明在该区域两相的分离作用较弱。

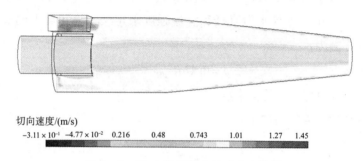

切向速度/(m/s)
-3.11×10^{-1} -4.77×10^{-2} 0.216 0.48 0.743 1.01 1.27 1.45

图 4-3 $X=0$ 截面切向速度分布云图

2）轴向速度分布

图 4-4 为 $X=0$ 截面轴向速度分布云图，其中轴向速度为正，代表沿 Z 轴正方向运动，也就是朝溢流口方向运动；轴向速度为负，代表沿 Z 轴负方向运动，也就是朝底流口方向运动。由图可知，分离器中溢流管内基本都朝溢流口方向运动，其中靠近溢流管器壁附近出现了局部峰值，速度约为 0.4m/s；在直管段部分，存在两种轴向流动，一种在器壁和部分轴心位置，朝底流口方向运动，其中轴心部分的轴向速度较低，约为 0.1m/s；另一种在以溢流管直径为半径的轴心大部分位置，朝溢流口方向运动。在小锥段中，轴向速度基本都朝底流口方向；在底流口轴心处，轴向速度达到峰值，约为 0.6m/s。

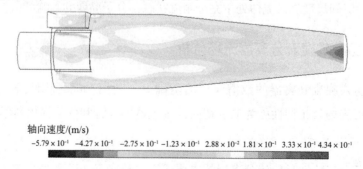

轴向速度/(m/s)
-5.79×10^{-1} -4.27×10^{-1} -2.75×10^{-1} -1.23×10^{-1} 2.88×10^{-2} 1.81×10^{-1} 3.33×10^{-1} 4.34×10^{-1}

图 4-4 $X=0$ 截面轴向速度分布云图

3) 合速度分布

图 4 - 5 为 $X=0$ 截面合速度分布云图。由图可知，合速度分布对称性较好，在轴心和器壁附近速度较低，在器壁和轴心中间区域内速度较高，速度峰值出现在入口附近，峰值约为 1.5m/s。轴心低速区形状与旋流器筒体形状相似，为圆柱加圆锥形。

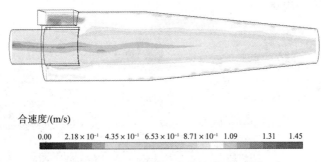

合速度/(m/s)

0.00 2.18×10^{-1} 4.35×10^{-1} 6.53×10^{-1} 8.71×10^{-1} 1.09   1.31   1.45

图 4 - 5 $X=0$ 截面合速度分布云图

图 4 - 6 为不同 Z 高度合速度的衰减情况。通过图 4 - 6 的模拟结果来看，旋流最易发生在油水混合物进入分离器时，而且从速度云图的等值线密集情况可知，在该油水分离的切向装置的内壁速度衰减得极为严重。湍流在进口处增强，这无疑增加了进口处水和油的混合并且也增大了热量的传递。沿轴向方向合速度存在衰减，但衰减程度较轻，且对称性始终较好，说明旋流器中用于两相分离的离心力衰减较少，有效分离长度较长，油水掺混面波动较小，有利于获得较高的分离效率。

合速度/(m/s)

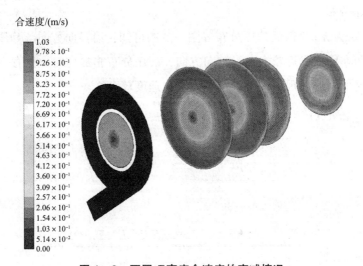

图 4 - 6   不同 Z 高度合速度的衰减情况

4）速度矢量图

图 4 - 7 为 $X=0$ 截面速度矢量图。由图可知，旋流器中器壁和轴心中间区域流体做旋流运动，轴心区域主要做轴向运动。在溢流管中、溢流管下游和入口下游（图中虚线圈所示）存在二次涡。此处流体运动方向复杂，存在黏性耗散，不利于分离。在溢流管和入口之间还存在短路流，说明应该适当加长溢流管深入长度，避免短路流的出现。

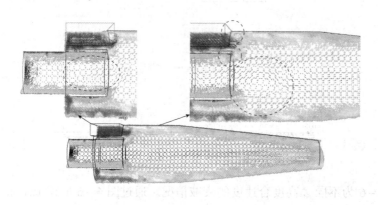

截面速度/(m/s)

1.60×10^{-3} 2.22×10^{-1} 4.43×10^{-1} 6.63×10^{-1} 8.84×10^{-1} 1.10 1.32 1.47

图 4 - 7 $X=0$ 截面速度矢量图

2. 压力场分布

Fluent 中常用的压力场参数有静压、动压和总压，总压为静压和动压之和。

1）静压分布

图 4 - 8 为 $X=0$ 截面静压分布云图。从图可知，沿径向方向，静压在轴心附近较小，而在壁面附近较大；沿轴向方向，静压分布非常均匀，仅存在小幅度波动，在底流口附近出现负压，说明此处轴向速度较大。

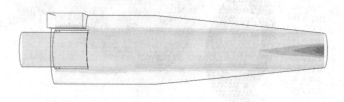

静压/Pa

$-4.11e \times 10^{-2}$ -1.71×10^{-2} 6.83×10 3.08×10^{2} 5.47×10^{2} 7.87×10^{2} 1.03×10^{3} 1.19×10^{3}

图 4 - 8 $X=0$ 截面静压分布云图

2) 总压分布

图 4 - 9 为 $X=0$ 截面总压分布云图。从图可知，沿径向方向，总压在轴心附近较小，而在壁面附近较大；沿轴向方向，总压分布非常均匀，仅存在小幅度波动，在底流口附近出现负压；总压峰值出现在入口附近环面中。

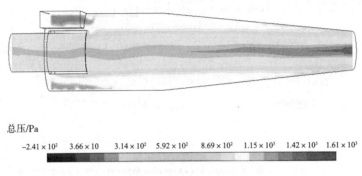

总压/Pa

-2.41×10^2 3.66×10 3.14×10^2 5.92×10^2 8.69×10^2 1.15×10^3 1.42×10^3 1.61×10^3

图 4 - 9　$X=0$ 截面总压分布云图

3. 速度流线分布

图 4 - 10 为速度流线分布，不同灰度代表流体在旋流器中停留时间长短。由图可以看出，流体沿切向方向进入旋流器，在旋流器中做旋转运动，一部分流体上旋从上游的溢流口流出，另一部分流体下旋从下游的底流口流出。从底流口流出的流体停留时间约为 1.7s，从溢流口流出的流体停留时间约为 2s。

4. 湍流参数分析

1) 湍动能分布

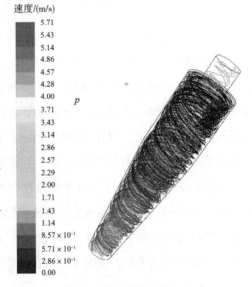

速度/(m/s)

5.71
5.43
5.14
4.86
4.57
4.28
4.00
3.71
3.43
3.14
2.86
2.57
2.29
2.00
1.71
1.43
1.14
8.57×10^{-1}
5.71×10^{-1}
2.86×10^{-1}
0.00

图 4 - 10　速度流线分布

图 4 - 11 为 $X=0$ 截面湍动能分布云图，湍动能是单位质量脉动运动的动能的平均值，代表湍流脉动的动能。由图可知，湍动能在溢流管中靠近入口一侧出现峰值，峰值约为 $0.024 \mathrm{m}^2 / \mathrm{s}^2$。这是由于此处存在速度较大的短路流，该现象在图 4 - 8 中已经说明：短路流的存在导致流速在较小空间内速度方向改变，湍流剧烈，因此产生较大的湍动能。此外，在锥段内存在"V"形湍动能较大区域，这主要是由于此处为内旋外旋的交界面，此处速度方向变化剧烈，湍动能较大。其

余区域内湍动能分布较为均匀，大多保持在 0.009m²/s² 左右；入口环面和溢流管中湍动能最低，此处流体运动非常规律，速度波动较小。从整体角度来看，湍动能较小，说明了该切向装置在进行油水分离的过程中能够有效避免因湍流带来的热量转移，因为湍动能的变化不大，并且基本保持平衡。说明油水的分离在该切向装置中分离速度平稳，湍流衰减大，湍流影响较小。

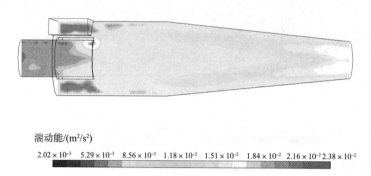

湍动能/(m²/s²)

2.02×10^{-3} 5.29×10^{-3} 8.56×10^{-3} 1.18×10^{-2} 1.51×10^{-2} 1.84×10^{-2} 2.16×10^{-2} 2.38×10^{-2}

图 4 – 11 $X = 0$ 截面湍动能分布云图

2）湍流强度分布

图 4 – 12 为 $X = 0$ 截面湍流强度分布云图，湍流强度是脉动的均方根与平均速度的比值，表征湍流发展强度，通常小于1%为低湍流强度，高于10%为高湍流强度。由图可知，湍流强度分布与湍动能分布基本一致，只是锥段的"V"形分布面积更大、更显著，其中平均湍流强度约为10.4%。此外，在直管段湍流强度分布沉陷轴心较大、器壁较小的规律。湍流强度在溢流管中靠近入口一侧出现峰值，峰值约为12.6%。这是由于此处存在速度较大的短路流，短路流的存在导致流速在较小空间内速度方向改变、湍流剧烈，因此产生较大的湍动能。湍流强度最低值出现在入口环面，此处流体方向一致，速度波动较小。从整体来看，湍流强度较低，湍流的变化平稳，说明了油水在该切向装置分离的过程中受影响较小。

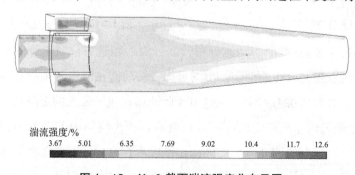

湍流强度/%

3.67   5.01   6.35   7.69   9.02   10.4   11.7   12.6

图 4 – 12 $X = 0$ 截面湍流强度分布云图

3) 湍动能耗散率分布

图 4 - 13 为 $X = 0$ 截面湍动能耗散率分布云图。在湍能输运过程中，大尺度脉动的动能传输给小尺度脉动，小尺度湍流脉动耗散动能，湍动能耗散率就是衡量这种耗散强弱的物理量。由图可知，湍动能耗散率在整个分离中分布较低且均匀，平均值大约在 $3.6 m^2/s^3$；在器壁、入口和溢流管壁面处湍动能耗散率较高，其中湍动能耗散率的峰值出现在旋流器顶端壁面，峰值大约为 $23.6 m^2/s^3$；在壁面附近，湍动能耗散率的分布并不均匀，而是呈现锯齿形。这是由于壁面的约束作用，湍动能以分子黏性的方式耗散掉了，故产生较大的湍动能耗散率。

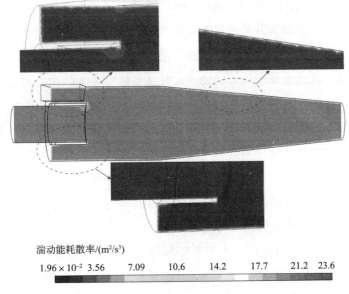

湍动能耗散率/(m^2/s^3)

1.96×10^{-2} 　3.56 　7.09 　10.6 　14.2 　17.7 　21.2 　23.6

图 4 - 13 　$X = 0$ 截面湍动能耗散率分布云图

第 3 节　紧凑型油水分离设备

传统的切向式水力旋流器具有入口压力高、分离效率低和液体流量适应性能弱等缺点。为了提高工作工作效率，Nieuwstadt 和 Dirkzwager 领先设计出了轴向水力旋流器来弥补切向式水力旋流器的不足。轴向水力旋流器是基于周向对称布置的导流叶片产生旋流流场，从而减少了入口湍流脉动强度，提高了分离效率并减少了压力损失；轴向水力旋流器入口结构紧凑，占地面积小。海上石油的勘探与开采将会产生大量的废水，如何在海上石油平台有限的空间内完成开采废水的循环处理、减少污染的排放是考验海上石油平台设计的一个难题。污水除油的旋流分离器在海上石油天然气开采平台已经取得了较好的应用效果。

紧凑油水分离设备是一种应用于海洋石油开采平台中的重要设备，能够满足海洋平台的污水处理要求。在将紧凑油水分离设备应用于海上平台时，能够在入口混合液含水率高于50%的情况下实现污水脱除率达50%以上，经处理后的污水满足三级海域排放要求。紧凑油水分离设备的主要类型包括以下3种类型。

(1)管柱式旋流气液分离器撬。此装置是由柱状旋流气液分离器与二级分离稳压器两部分所组成。应用此结构主要是由于原油开采时所带出的大量溶解气将容易造成系统压力大幅度波动，从而使得设备无法实现紧凑化。溶解气所带来的高速气流不仅容易造成设备内部液面大幅度波动，同时也容易造成设备内部液相乳化加剧，从而对原油的开采生产造成极为不利的影响，采用管柱式旋流气液分离器撬将能够解决这一问题。柱状旋流气液分离器具有结构紧凑、质量轻、分离效率高等特点。其通过利用气体的密度差并在气体所产生的离心力、重力等的相互协同作用下实现石油气的气液分离。柱状旋流气液分离器在入口处选用倾斜切向口设计不仅有效地提高了石油气气液分离的效率，也避免了分离后的气液再次相混。进入柱状旋流气液分离器的气液混合物将在切向进入柱状旋流气液分离器中，然后形成高速旋转的旋流用以完成气液分离。柱状旋流气液分离器的入口处设有流量阀用以控制流体进入柱状旋流气液分离器的切向流速，确保流体能够在柱状旋流气液分离器中获得最大分离效率。

(2)水力旋流器。该部件的作用主要为对污水中较大颗粒物的分离。水力旋流器主要利用的是离心沉降原理，进入水力旋流器中的不同混合污水将沿着渐开线切向导口形成高速流动的污水流体，污水在压力和流量的作用下将在水力旋流器中的涡流区域形成高速旋转的流体水涡。水力旋流器内的旋流管直径将呈现出逐渐变小的趋势，水力旋流器内流体的旋流速度随着旋流管直径的减少而逐步增大。在这一过程中，污水混合体中所含有的不同物质将随着旋转流速的逐渐增大而逐步分离。在这一过程中，污水中所含有的低密度与细粒物质将首先旋流出来并旋流至旋流管轴线上，并在内部压降的作用下从水力旋流器中的溢流口流出。而污水中的大密度与大质量的物体同样在高速旋转的离心力下实现分离，不同的是这一部分物质则主要由水力旋流器中的底部排出。通过水力旋流器将能够实现污水中污物的有效分离。在设计多工艺紧凑污水处理装置时，为了实现污物的有效分离，设计了两套水力旋流器，分别是立式水力旋流器和两级串联式水力旋流器。其中，立式水力旋流器主要用于对气相分离器所分离出来的油水进行除水分离，经过实验，该环节将能够实现90%的除水率。而两级串联式水力旋流器则主要用于对 Dewater 出口的污水进行除油处理，该环节能够将入口污水中近80%的油污予以去除，从而为后续的污水处理提高了效率。

（3）气浮选器。该装置是污水处理设备中的重要一环，其主要除污原理在于：通过向流经该设备的流体中注入微气泡，利用气泡在高速旋转时所产生的黏附性将污水中的油污等充分地黏附在一起，黏附后的油污将与污水中的液体产生明显的密度差，进而会产生油水分离效果。

本小节所介绍的紧凑型油水分离设备的基本结构是：在传统静态液 - 液水力旋流器的基础上，将切向入口改为轴向中心进料式入口，然后通过导向叶片使流体获得较大的切向速度，并在旋流腔内完成油水分离。紧凑型油水分离设备的设计重点是导叶结构的设计优化，本小节所研究的导叶结构为采用前述导叶设计方法设计而成的，其导叶后的流场性质直接决定着设备分离效率的优劣。因此，本小节重点对导叶后部的气液相、压力场和速度场分布进行探究，并对导叶结构进行设计优化。

一、数值模型的构建

1. 三维流体域模型

按照所设计的轴流式油水分离器尺寸，使用 ICEM 绘制分离器内流体流动的三维流域模型。该模型模拟在轴流式油水分离器内部流体流经入口处涡轮导叶之后在分离器内流动的范围，结构如图 4 - 14 所示。

图 4 - 14　导叶式轴流分离器流体域

2. 网格划分

本小节采用两种网格划分方案。第一种：由于导向叶片位置的复杂结构，导向叶片的形状具有大角度弯曲的曲线。网格采用混合网格，导叶部分为非结构化网格，其余为结构化网格，图 4 - 15（a）为混合网格示意图。第二种：总体区域均采取非结构化网格，图 4 - 15（b）为非结构化网格。

采用相同数值方法进行数值模拟，计算 2000 步观察残差情况，混合网格的连续性方程的残差可以达到 10^{-5}，而非结构化网格的连续性方程的残差仅为 10^{-3}。所以最终选用混合网格开展数值计算。

为了确保数值结果独立于网格数，将 3 个不同的网格数划分为 3 种不同数量

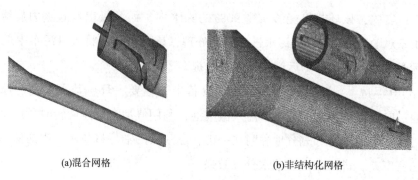

(a)混合网格   (b)非结构化网格

图 4 - 15　网格划分

的网格, 分别为 205. 97 万、580. 35 万和 723. 94 万, 并以导叶出口截面处的速度做对比, 结果如图 4 - 16 所示。

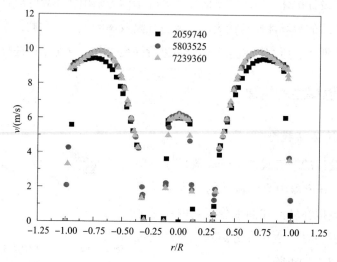

图 4 - 16　不同网格数量下导叶出口截面处的速度对比

由图 4 - 15 可知, 网格 2 和网格 3 的速度漫延趋势非常接近, 和网格 1 的速度极值大小及梯度稍有不同。当网格数量达到 580. 35 万后, 再增多网格数量对计算结果影响较小, 故网格数量采用 580. 35 万。

3. 数值解法及边界条件

在瞬态下进行仿真, SIMPLE 算法用于速度和压力场, 标准壁面函数用于边界层处理; 计算介质为水, 其密度为 998. 2kg/m³, 黏度为 0. 001003kg/ (m · s); 入口边界采用速度入口, 入口速度为 2m/s; 底部流和溢流的出口边界都是自由流。壁表面没有滑移边界条件。

在流场的入口还需要定义流场的湍流参数, 在 Turbulence Specification Method

(湍流定义方法)中，选择水力直径和湍流强度来定义入口边界的湍流，湍流强度的计算方法见式(4-31)，水力直径的计算方法见式(4-32)。在本小节工况下，水力直径为10mm，湍流强度为4.8%。

4. 湍流模型

湍流效应一般由N-S方程式来描述，从一个离散的N-S湍流方程中直接计算和模拟一个湍流需要Kolmogorov尺度内的网格，由于其计算难度和成本的复杂性限制，采用雷诺应力的湍流模型(RSM)，其优点是避免了各向同性的黏涡假设，是一种最符合物理学家所理解的雷诺平均的湍流应力模型，适用于求解湍流的旋转、弯曲等三维流动的问题。

二、流场模拟结果

采用RSM(雷诺应力湍流模型)对导叶式轴流式分离器进行数值计算，分析速度分布、压力分布和湍流参数分布，明确流场对油水两相分离的影响。

1. 速度场

1)速度云图分布

图4-17为$X=0$截面切向速度分布云图，图中负的切向速度表示与坐标值方向相反。从图中切向速度分布可知，流体从入口以2m/s的速度进入旋流器后，在导叶中加速。在导叶出口和大锥结束段，切向速度绝对值达到峰值，约为11.5m/s，随后在小锥段前部维持较高切向速度，说明此出处为分离的主要区域。在该区域内，两相由于密度差产生较大的离心加速，而实现两相分离。

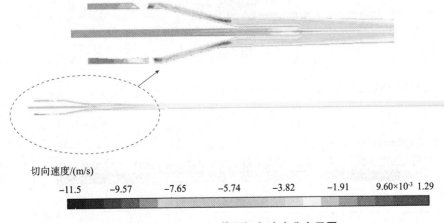

切向速度/(m/s)

| -11.5 | -9.57 | -7.65 | -5.74 | -3.82 | -1.91 | 9.60×10⁻³ 1.29 |

图4-17 $X=0$截面切向速度分布云图

图 4 – 18 为 $X = 0$ 截面轴向速度分布云图，图中负的轴向速度表示与坐标值方向相反，代表流向底流口方向，正的轴向速度代表流向溢流口方向。从图中可知，溢流口中最大流速为 1.79m/s，底流口中最大流速为 9.7m/s，说明被分离的油水两相能够较快地排除分离器，避免在旋流器内返混从而影响分离效率。

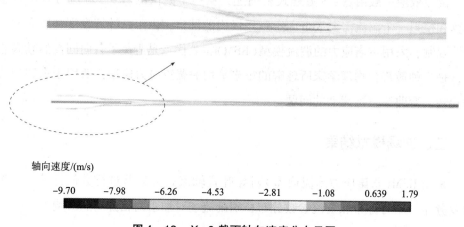

轴向速度/(m/s)

| -9.70 | -7.98 | -6.26 | -4.53 | -2.81 | -1.08 | 0.639 | 1.79 |

图 4 – 18 $X = 0$ 截面轴向速度分布云图

图 4 – 19 为 $X = 0$ 截面合速度分布云图。从图中可知，合速度峰值出现在导叶结束端和大锥结束端，说明导叶具有较强的加速作用，而大锥则进一步维持旋流，并继续加速流体，为下游两相分离提供先决条件。从同一 Y 位置来看，在旋流器轴心和器壁处产生了较低速度，在截面中心的速度较高；从定性角度来看，速度分布大致成"M"形。

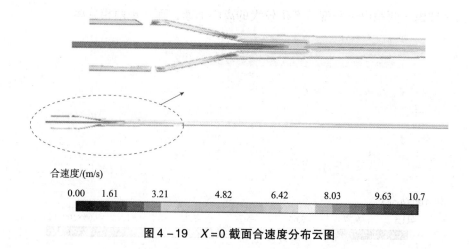

合速度/(m/s)

| 0.00 | 1.61 | 3.21 | 4.82 | 6.42 | 8.03 | 9.63 | 10.7 |

图 4 – 19 $X = 0$ 截面合速度分布云图

图4-20为不同Z截面合速度分布云图。从图中可知，从入口到底流出口，合速度整体呈现先增大后减小的趋势。在每个Z截面处，器壁速度低，流道中心速度高；从大锥段溢流口出口后部云图可知，轴心处速度也较低。合速度分布非常均匀，并无流动偏心出现，说明导

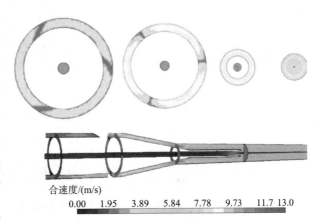

合速度/(m/s)
0.00 1.95 3.89 5.84 7.78 9.73 11.7 13.0

图4-20 不同Z截面合速度分布云图

叶式轴流入口能够产生均匀的湍流场，流动非常稳定。

2)切速度分布曲线

图4-21为各种Z截面轴心处的无量纲最大切向速度的分布，为了容易比较和查看，切线速度通过最大切线速度公式归一化。由图可知，分布的形状大致呈现驼峰形，其切向分布规律特征是：沿径向从器壁延伸到轴心处，切向速度先逐渐增大，在大约等于旋流器半径1/4处逐渐达到最大切向速度值，再逐渐减小，在器壁到轴心处切向速度降为0。各种截面轴心处的无量纲切向速度分布都吻合兰金涡，内部地区为准强制流动涡，外部地区为准自由流动涡。这也充分揭示了模拟的无量纲流动涡分布规律的重要和正确性。

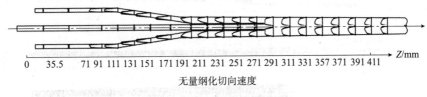

0   35.5   71 91 111 131 151 171 191 211 231 251 271 291 311 331 357 371 391 411   Z/mm

无量纲化切向速度

图4-21 不同Z截面无量纲切向速度分布图

3)速度矢量图

随着分离器内旋流场越强，产生的离心力也越来越大，最终使分离成效也越好。分离器内的流场数值的大小与分离器的机能密切相关，所以这是一项很关键的研究内容。图4-22为分离器地面以$X=0$截面上的速度矢量分布。由图4-22可知，流体均匀进入旋流器，经导叶加速后，速度矢量开始出现波动，尤其是导叶出口处，波动最为剧烈，说明此处湍流强度较高，流动情况比较复杂。

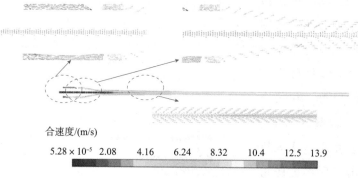

合速度/(m/s)

5.28 × 10⁻⁵ 2.08 4.16 6.24 8.32 10.4 12.5 13.9

图 4 - 22　X = 0 截面合速度矢量分布图

2. 压力场分布分析

1) 压力云图分布

油水分离器压力分布对分离效率及分离粒度有重要影响，是计算生产能力和能量耗散的主要依据。经过单相流数值模拟，获得分离器压力漫延状况。

图 4 - 23 为 X = 0 截面静压分布云图，图中负的静压力值表示与坐标值方向相反。由图可知，静压呈顺着径向从壁面向轴心依次变小的分布规律。流体从轴向油水分离器的进口进入，进入分离器后因为存在初始切向速度和扭转流体，在扭转过程中产生流体沿界面半径向外离心力，以均衡离心力，流体沿半径方向产生到界面上的压差，引起静压力随着径向从外向内逐渐减小。

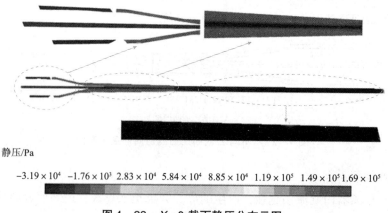

静压/Pa

-3.19 × 10⁴ -1.76 × 10³ 2.83 × 10⁴ 5.84 × 10⁴ 8.85 × 10⁴ 1.19 × 10⁵ 1.49 × 10⁵ 1.69 × 10⁵

图 4 - 23　X = 0 截面静压分布云图

所谓的流体动压即为流体所具有的比动能大小，由动压表达式可知，它的分布形式主要取决于总速度的分布形式，而油水分离器的总速度场分布结构与切向速度场的分布结构类似，由此得出动压的分布形式与切向速度相似。图 4 - 24 为

$X=0$ 截面动压力分布云图。由图可知，从溢流口至小锥角管段先增大后减小，在大椎角末端动压力达到最大，为 $6.31 \times 10^4 \mathrm{Pa}$。

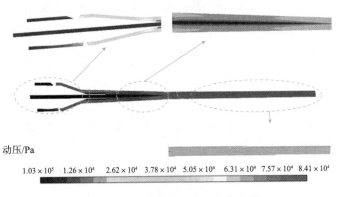

动压/Pa

1.03×10^5 1.26×10^4 2.62×10^4 3.78×10^4 5.05×10^4 6.31×10^4 7.57×10^4 8.41×10^4

图 4 -24 $X=0$ 截面动压分布云图

静压与动压之和为总压，图 4 - 25 为 $X=0$ 截面总压分布云图。由图可知，沿从壁到轴的径向，先呈现出缓慢衰减然后快速衰减的分布规律。由前面切速度的分布曲线可知，油水分离器内部旋流由轴心的准强制涡和壁面附近的准自由涡组成。做旋转运动的流体微团的受力分析和能量转化可知，在准受力涡旋区域和准无涡旋区域，各段总压力的变化规律不同，因为速度随半径变化的规则不一样。旋流分离器壁流在流体黏性自由涡旋运动的作用下的旋转不是理想的，只能被视为"准自由涡旋"运动，能量沿半径方向界面运动的形式具有很小的损耗，因此允许在壁上的总压力的自由旋涡区域将出现径向向内缓慢衰减的变化趋势。

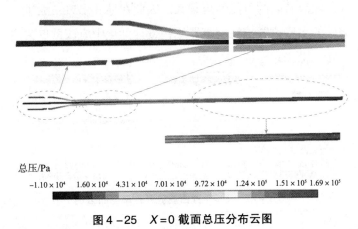

总压/Pa

-1.10×10^4 1.60×10^4 4.31×10^4 7.01×10^4 9.72×10^4 1.24×10^5 1.51×10^5 1.69×10^5

图 4 -25 $X=0$ 截面总压分布云图

2）压力分布曲线

图 4 -26 为各类 Z 截面切向速度的静压力分布。为了容易让人们比较和查

看，将静压力用最大静压值的方法做归一化的处理。旋流器的静压分布变化主要表现为：顺着进口的径向从器壁向出口在轴心逐步下降，在器壁上的压力最大，在轴心位置的压力最小。旋流器的静压分布变化规律主要表现为，沿入口的径向从器壁向出口的轴心逐渐降低，在器壁上的压力最高，轴心处的压力最低；顺着轴向，从壁面到孔的进口依次减小，负压流入区逐步呈现在强制涡流区域(旋流分离器的中央区域)中。

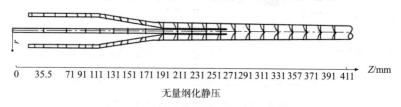

0   35.5   71 91 111 131 151 171 191 211 231 251 271291 311 331 357 371 391 411   Z/mm

无量纲化静压

图4-26　不同 Z 截面无量纲静压分布图

3. 湍流场

1)湍流耗散率云图分布

图4-27 为 X=0 截面湍流耗散率分布云图。湍流耗散率即为分子在黏性作用下由湍流动能转化为分子热运动动能的速率。湍流速度在空间上随机波动，从而形成了如图所示的速度梯度。由图可知，旋流器内湍动能耗散率最高处在导叶出口、大锥段内以及靠近壁面处。湍流耗散率是影响油滴在湍流场中破碎的关键因素，决定着湍流施加给油滴的动态压力大小，因此湍流耗散率越大，油滴受到的破碎力越大，液滴破碎的可能性也越大。因此在导叶出口、大锥段和近壁面处是油滴发生破碎的主要位置，在旋流器结构设计优化中应该重点关注。

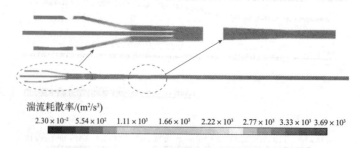

湍流耗散率/(m²/s³)

2.30×10^{-2}　5.54×10^{2}　1.11×10^{3}　1.66×10^{3}　2.22×10^{3}　2.77×10^{3}　3.33×10^{3} 3.69×10^{3}

图4-27　X=0 截面湍流耗散率分布云图

2)湍流强度云图分布

图4-28 为旋流器 X=0 截面湍流强度云图。湍流是由以下两个原因引起的：一是当气流运动时，气流会受到地面粗糙度的摩擦或停滞的影响；二是空气密度

差异造成的气流垂直运动。从云图中可以清楚地看到，旋流器的湍流强度分布顺着径向呈马鞍形。它首先从旋流分离器的壁面到轴心增加，然后逐步减少。沿轴向，旋流分离器的总强度从进口到出口先增加后下降。沿轴向，湍流强度部分极值分别呈现在小锥角管段和尾管段首端。这主要是由于周围具有较大的时间平均速度梯度的地区具有很强的各向异性，于是产生了较大的雷诺兹剪切应力。

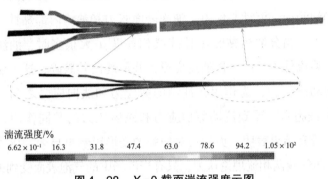

湍流强度/%

| 6.62 × 10⁻¹ | 16.3 | 31.8 | 47.4 | 63.0 | 78.6 | 94.2 | 1.05 × 10² |

图 4 -28　X=0 截面湍流强度云图

4. 速度流线图

图 4 -29 为旋流器中速度流线图，图中不同灰度代表流体在旋流器中停留时间长短。从导叶段速度流线图看出，导叶能够较好地使流体转向，因而产生旋流，为两相的分离提供条件。而从大锥和小锥段可以看出，旋流器中确实存在两种旋流，外旋流为从进向底流出口旋转运动，内旋流为从底流口向溢流口旋转运动。

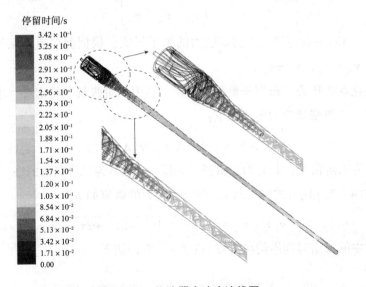

图 4 -29　旋流器中速度流线图

三、导叶结构数值优化

1. 基于单相数值模拟的水力旋流器评价指标

1)流动剪切应力

在湍流场中,油滴的尺寸分布主要受到 3 个力的影响,分别为湍流外力、油滴表面张力和油滴内部流动黏性力。油滴表面张力和油滴内部黏性力是抵抗油滴变形和破碎的力。当分散相黏度 μ_d 比连续相黏度 μ_c 大很多时,油滴内部的黏性力必须考虑。湍流外力趋向于使油滴变形,并最终使其破碎,这个湍流外力就是湍流场提供的动态压力,为作用在油滴的剪应力和法向应力之和。周志玮通过 Abaqus 模拟了细胞由于受到流动剪切应力和液体压力的共同作用,而发生变形位移的情况。研究结果表明,剪切力对细胞的变形影响更显著,压力对细胞变形的影响有限。而气液两相流理论认为,只有当流场中的气泡表面受到的压力不对称时,才会因压力而产生动态压力,在忽略惯性项作用的 Stokes 流动($Re_d < 1$)中气泡的压力只占动态压力的 1/3。故湍流场内由压力引起的动态压力只占一小部分,且这部分对油滴的变形作用还不显著,流动剪切应力才是油滴破碎的主因。

油滴在流场中受到的剪切应力记作 $\boldsymbol{\tau}_s$,其表达式为:

$$\boldsymbol{\tau}_s = \begin{bmatrix} \tau_{xx} & \tau_{xy} & \tau_{xz} \\ \tau_{yx} & \tau_{yy} & \tau_{yz} \\ \tau_{zx} & \tau_{zy} & \tau_{zz} \end{bmatrix} \tag{4-33}$$

式(4-33)为任意流场中剪切应力的张量形式,根据剪切应力互等定义,有 $\tau_{xy} = \tau_{yx}$,$\tau_{xy} = \tau_{yx}$,$\tau_{yz} = \tau_{zy}$。

为量化动态压力,根据张量相关知识,利用二阶张量模的定义,求得剪切应力的数值。二阶张量模的定义如下:

$$|\boldsymbol{A}| = \sqrt{\boldsymbol{A} : \boldsymbol{A}} = \sqrt{tr(\boldsymbol{A} \cdot \boldsymbol{A}^{\mathrm{T}})} \tag{4-34}$$

式中,$\boldsymbol{A}$ 为二阶张量;$|\ |$ 为二阶张量的模;$tr(\ )$ 为二阶张量的迹。

将式(4-33)代入式(4-34),则剪切应力的数值如下:

$$\boldsymbol{\tau}_s = \sqrt{\tau_{xx}^2 + \tau_{yy}^2 + \tau_{zz}^2 + 2\tau_{xy}^2 + 2\tau_{xz}^2 + 2\tau_{yz}^2} \tag{4-35}$$

湍流中的雷诺时间平均(RANS)的 N-S 方程如下:

$$\rho \bar{u}_j \frac{\partial \bar{u}_i}{\partial x_j} = \rho \bar{f}_i + \frac{\partial}{\partial x_j} \left[-\bar{p}\delta_{ij} + \mu \left(\frac{\partial \bar{u}_i}{\partial x_j} + \frac{\partial \bar{u}_j}{\partial x_i} \right) - \rho \overline{u_i' u_j'} \right] \tag{4-36}$$

从式(4-37)可以清楚地看出剪切应力 τ 由两部分构成，前者为分子黏性应力，后者为雷诺应力。张兆顺等从简化的直槽流动中，推导出了分子黏性应力和雷诺应力之和构成了流体的总剪切应力。

$$\tau_{ij} = (\tau_{ij})_{\text{lam}} + (\tau_{ij})_{\text{turb}} = \mu\left(\frac{\partial \overline{u_i}}{\partial x_j} + \frac{\partial \overline{u_j}}{\partial x_i}\right) - \rho\,\overline{u_i'v_j'} = 2\mu\,\overline{S_{ij}} - \rho\,\overline{u_i'v_j'} \quad (4-37)$$

式中，$\overline{S_{ij}}$ 为应变张量率的平均值，s^{-1}，$\overline{S_{ij}} = \frac{1}{2}\left(\frac{\partial \overline{u_i}}{\partial x_j} + \frac{\partial \overline{u_j}}{\partial x_i}\right)$。

从雷诺时间平均的 N-S 方程可以看出，雷诺应力 $-\rho\,\overline{u_i'u_j'}$ 的出现，使得湍流控制方程不封闭，需要添加雷诺应力封闭方程。常见的封闭方程包括 3 类：第一类基于普朗特(Prandtl)混合长度模型，主要模型为代数方程模型(Algebraic equation)；第二类将湍流应力表示为湍流黏性系数的函数，基于 Boussinesq 涡黏模型，主要模型为 Spalart-Allmaras 方程模型和双方程模型(包括 Standard $k-\varepsilon$ model、RNG $k-\varepsilon$ model、$k-\omega$ model 等)；第三类为直接使用输运方程来解出雷诺应力，主要模型为雷诺应力模型。雷诺应力模型抛弃了各向同性黏涡假设，通过直接求解雷诺应力来封闭雷诺平均 N-S 方程，在计算的过程中可以直接获得雷诺应力数值 $-\rho\,\overline{u_i'u_j'}$，通过式(4-37)可求得剪切应力。通过模拟结果，可以获得应变张量率的平均值 $\overline{S_{ij}}$ 和雷诺应力 $-\rho\,\overline{u_i'u_j'}$，利用式(4-35)可以求出任意截面上的流动剪切力应力数值，用于掌握流场内的剪切情况，筛选剪切更弱的导叶结构。

2)不考虑破碎影响下油滴的分割粒径模型

油滴的直径大小是影响分离效率的重要因素。不考虑油滴破碎和聚结作用，较小油滴受到的径向力和离心力较小，其向旋流器轴心运动的能力较弱，同时小油滴弛豫时间较短，随着连续相速度的每一次波动而波动，分离效率较低。直径较大的油滴受到的分离力较大，且只随时均速度而波动，分离效率较高。因此，某种结构的旋流器对不同直径大小的油滴的分离能力是不同的。随着旋流分离研究的不断发展，许多相应的分离理论模型应运而生，其中应用最广泛的有停留时间模型和平衡轨道模型，可以获得分离效率为 50% 时的油滴粒径大小，称作旋流器的切割粒径 d_c。虽然此两种模型也存在不足，如未考虑湍流分散作用对分离效率的影响，但作为旋流器流场条件对比评价的标准，还是能够较准确地定性反映分离效率的趋势。借鉴这两种经典的分离理论模型，建立基于单相流场数值模拟的旋流器中不考虑油滴破碎影响下油滴分割粒径，为旋流器的结构优化提供可靠的评价标准。

油滴在旋流场中的受力主要包括离心力 F_a、径向力 F_b 和阻力 F_s，即斯托克斯力，这 3 种力的表达式如下所示。

$$F_a = \frac{\pi}{6} d_d^3 \rho_d \frac{v_t^2}{r} \tag{4-38}$$

$$F_b = \frac{\pi}{6} d_d^3 \frac{dp}{dr} \tag{4-39}$$

$$F_s = C_d \frac{\pi}{4} d_d^2 \rho_w \frac{v_r^2}{2} \tag{4-40}$$

式中，径向力 F_b 可以进一步改写为 $F_b = \frac{\pi}{6} d_d^3 \rho_w \frac{v_t^2}{r}$。当这 3 种力平衡时有：$F_b - F_a = F_s$，代入 3 种力的表达式，上式可改写成下述形式：

$$v_r = \frac{d_d^2 (\rho_w - \rho_d) v_t^2}{18 \mu r} \tag{4-41}$$

（1）平衡轨道模型。

当油滴所受到的径向离心力与流体的径向阻力相平衡时，所对应的油滴直径就是旋流器的切割粒径 d_c。而 $v_r = v_x \frac{dr}{dx}$，则有：

$$r dr = \frac{d_d^2 (\rho_w - \rho_d) v_t^2}{18 \mu v_x} \tag{4-42}$$

考虑最极端情形，油滴从入口壁面（$r = R$）处进入旋流器，在旋流器有效分离长度 L_s（直管段、大锥段和小锥段长度之和）下运动到溢流管半径（$r = r_o$）处的油核被分离，可得：

$$\int_r^{r_o} r dr = \frac{d_d^2 (\rho_w - \rho_d)}{18 \mu} \int_0^{L_s} \frac{v_t^2}{v_x} dx \tag{4-43}$$

解得：

$$d_{d,e} = \left[\frac{18 \mu}{(\rho_w - \rho_d)} \frac{\left(\dfrac{r_o^2 - R^2}{2} \right)}{\displaystyle\int_0^{L_s} \frac{v_t^2}{v_x} dx} \right]^{0.5} \tag{4-44}$$

通过模拟获得旋流器内流场中速度分布，利用 UDF 编制速度积分方程 $\int_0^{L_s} \frac{v_t^2}{v_x} dx$，从而获得旋流器中不考虑油滴破碎影响下油滴分割粒径 d_c。

（2）停留时间模型。

在旋流器分离过程的有效停留时间 t_r 内油滴从器壁（$r = R$）运动到油芯（$r = $

r_o）。$v_r = \dfrac{\mathrm{d}r}{\mathrm{d}t}$，将 v_r 表达式代入上式并化简可得：

$$\int_0^{t_r} \mathrm{d}t = \frac{18\mu}{d_p^2(\rho_w - \rho_p)} \int_{r_1}^{r_2} \frac{r}{v_t^2} \mathrm{d}r \tag{4-45}$$

变形、整理后可得：

$$d_{p,t} = \left[\frac{18\mu}{(\rho_w - \rho_p)t_r} \int_{r_1}^{r_2} \frac{r}{v_t^2} \mathrm{d}r \right]^{0.5} \tag{4-46}$$

与平衡轨道模型相似，通过 UDF 编制速度积分方程 $\int_{r_1}^{r_2} \dfrac{r}{v_t^2} \mathrm{d}r$，从而获得旋流器中不考虑油滴破碎影响下油滴分割粒径 d_c。综上所述，不同导叶结构对旋流器流场的分离作用可以通过分割粒径 d_c 来表征。由于分割粒径在推导过程中未考虑油滴破碎和湍流分散作用的影响，其精度有待商榷，但是作为不考虑油滴破碎时分析不同导叶结构对流场影响的手段是可行的。故通过单相场的模型，可以通过编制的 UDF 获得油滴的分割粒径 $d_c = \max\{d_{p,e}, d_{p,t}\}$。

2. 栅距优化

图 4-30 为不同栅距的旋流器内最大稳定直径和分割粒径的分布曲线，图中红色的数据点为分割粒径，黑色的数据点为油滴可存在的最大稳定直径。由图可知，随着栅距的增加，最大稳定直径和分割粒径都随之增大。最大稳定直径的增大，说明油滴受到的剪切应力减少，湍流作用被削弱；分割粒径的增大，说明流场对油滴的分离能力降低。当叶片栅距增大时，叶片之间整体的流道宽度增加，导叶对流体的控制性减弱，流体通过导叶的流速显著降低。此时，导叶对油滴的分离能力显著减弱，但同时流场内油滴受到的剪切应力也显著减弱，不破碎的最大油滴直径显著增加。

为了描述清楚，把图中栅距增加的结构依次命名为结构①、结构②、结构③、结构④ 和结构⑤，其他小节命名方式也相同，后文不再赘述。由图 4-30 知，结构①、结构②、结构③、结构④、结构⑤的最大稳定油滴直径和分割粒径两两之间均出现最大稳定油滴直径和分割粒径同时增大或减小，因此无法判断，需要增加数据点。补充了两组模拟数据，$t_{ys} = 0.541\mathrm{mm}$ 和 $t_{ys} = 0.595\mathrm{mm}$，分别命名为结构⑥结构⑦。如图 4-30 中蓝色所示，其中蓝色方框代表分割粒径，蓝色圆点代表最大稳定直径。由图可知，结构⑥和结构③的分割粒径非常接近，但最大稳定直径却更小，说明两种导叶结构的分离性能接近，但结构⑥更易产生较大的剪切应力，故结构③更优；而结构⑦和结构③的最大稳定直径非常接近，但结构⑦的分割更大，故结构③更优。综上，参照当前趋势效果，结构③的分离效率最好，预测栅距的最优范围在 0.541 ~ 0.595mm，具体的最优范围需要进一步研究。

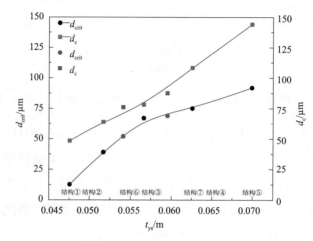

图 4 - 30　不同栅距的最大稳定直径和分割粒径的分布曲线

不同栅距条件下流场内的流动剪切应力分离和零轴速包络面分布如图 4 - 31 和图 4 - 32 所示。由图 4 - 31 可知，研究的旋流器内，导叶内整体剪切应力较低，剪切作用较强处集中在溢流管壁面、油滴导叶出口面 S1，大锥结束面 S2 和底流管靠近出口壁面，其中溢流管和底流管出口处不是旋流器的主要分离区域，其只将已经分离好的液体排出，因此对旋流器内的分离性能影响不大。随着栅距的增加，流场内整体的流动剪切应力减小，与最大稳定直径趋势相同。这是由于栅距减小，叶片的流道变窄，流速增加，湍流更加剧烈，雷诺应力增大。此外，溢流管和底流管的尺寸较小，当流场中主流速度提高时，其内部中心区内的流速更高，同时壁面处速度为零，因此近壁区域附近出现了较大的速度梯度，流动剪切应力增加。

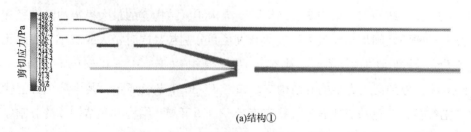

(a)结构①

图 4 - 31　不同栅距的流动剪切应力

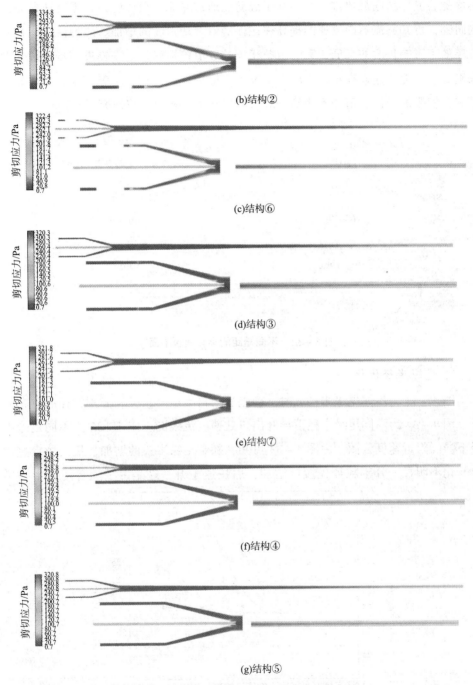

(b)结构②

(c)结构⑥

(d)结构③

(e)结构⑦

(f)结构④

(g)结构⑤

图4-31 不同栅距的流动剪切应力(续)

由图4-32可知，随着栅距的增大，旋流器中零轴速包络面的长度明显降低，说明上旋流长度缩短，旋流器内有效分离长度降低，更多油滴还未运动到油芯就随着流体从底流口排出，不利于分离。通过对流动剪切应力和零轴速包络面的研究，可知旋流器内流速的提高往往伴随着剪切强度的增加。两种流动参数对分离效率影响程度的高低，无法由单相场的数值模拟获得，需要进一步通过实验来确定。综上所述，在本小节研究工况下，栅距在 0.0541 ~ 0.0595m 时分离效果较好，栅距的最优取值并不明确，应该开展相关实验进一步研究。

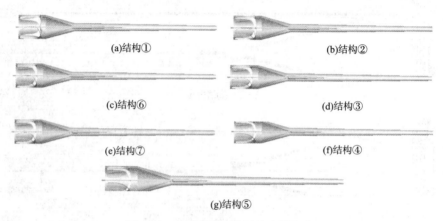

(a)结构①

(b)结构②

(c)结构⑥

(d)结构③

(e)结构⑦

(f)结构④

(g)结构⑤

图 4 - 32　不同栅距的零轴速包络面

3. 尾缘半径优化

图 4 - 33 为不同尾缘半径 r_2 时，旋流器内最大稳定直径和分割粒径的分布曲线，图 4 - 34 为不同尾缘半径下导叶出口处速度流线图，图 4 - 35 为不同尾缘半径下导叶附近速度云图。由图 4 - 33 可知，随着尾缘半径的增加，最大稳定直径的变化不明显，分割粒径先缓慢增加，后快速上升。这是由于随着尾缘半径增

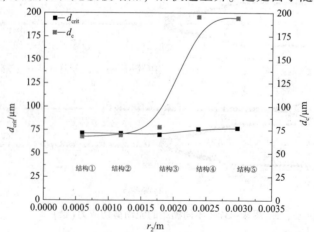

图 4 - 33　不同尾缘半径的最大稳定直径和分割粒径的分布曲线

加，虽然在一定程度上减小了导叶出口的流道面积，但由于尾部小圆尺寸相对于整体叶片而言尺寸较小，对流道面积的减小作用较弱；尾缘半径的增加对尾部小圆对流场的影响提高了，使尾迹涡增大(从图 4 – 34 中可看出)，能量损失增大，使尾部小圆后部的低速区不断增大；当尾缘半径增加到 0.00238m 时，如图 4 – 35 所示，低速区已经扩展到导叶下游大部分区域，这就使得导叶对液流的加速作用减弱。这就导致了随着尾缘半径的增加，旋流器的分割粒径显著增加，分离效果急剧恶化。

由图 4 – 34 可知，随着尾缘半径的增大，导叶出口处的尾迹涡明显增大，流动状态更加无序混乱。由于尾迹涡产生的流动损失显著提高，由图 4 – 35 可知，结构①、结构②、结构③、结构④、结构⑤最大稳定直径基本不变，只有分割粒径变化，因此说明尾缘半径的变化对流场的剪切强度无影响，分割粒径越小，分离效率越高，即，结构①、结构②的分割粒径均较小，尾缘半径的最优范围应在结构①、结构②之间。综上所述，尾缘半径较小时，旋流器的分离效果较好。本小节中尾缘半径在 0.000594 ~ 0.00119m 范围内旋流器的分离效果最好，此时对应的尾缘取值范围为 0.005 ~ 0.01 倍弦长。

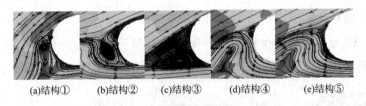

(a)结构①　　(b)结构②　　(c)结构③　　(d)结构④　　(e)结构⑤

图 4 – 34　不同尾缘半径的速度流线图

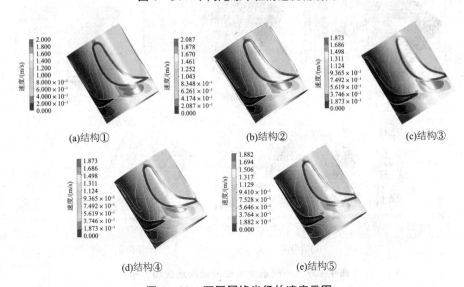

(a)结构①　　　　　　(b)结构②　　　　　　(c)结构③

(d)结构④　　　　　　(e)结构⑤

图 4 – 35　不同尾缘半径的速度云图

4. 前缘半径优化

图 4-36 为不同前缘半径 r_1 时，旋流器内最大稳定直径和分割粒径的分布曲线。由图可知，随着前缘半径 r_1 的增加，分割粒径逐渐下降，最大稳定直径基本

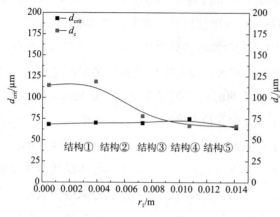

图 4-36 不同前缘半径的最大稳定直径和分割粒径的分布曲线

不变。可见，前缘半径越大，旋流器可分离的直径越小，前缘半径的增大还提高了旋流器对入口液流角变化的适应能力，这对分离效率是非常有利的。由图 4-37 可知，结构①、结构②、结构③、结构④、结构⑤的最大稳定直径基本保持不变，只是分割粒径发生变化，结构④、结构⑤时分割直径最小，分离效率最高，故尾缘半径的最优范围应在结构④和结构⑤之间。

图 4-37 为不同前缘半径下导叶附近的速度云图，由图可知前缘半径很小时，导叶前缘附近速度分布不均匀。由于前缘形状较尖锐会产生较大速度损失，

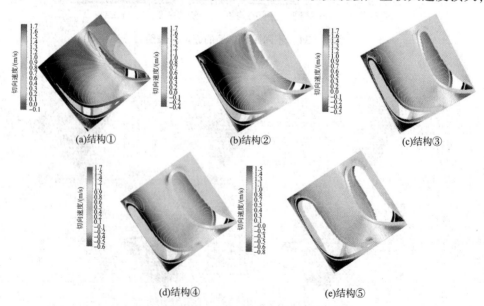

(a)结构①   (b)结构②   (c)结构③

(d)结构④   (e)结构⑤

图 4-37 不同前缘半径的切向速度场分布

使得在流道内流体加速能力较弱，从而影响旋流器的分离效率。因此，通常在保证流道收缩的条件下，尽可能增大前缘半径，不仅有利于提高导叶对液流不同入口角度的适应性，还有利于降低流动损失。综上所述，本小节中前缘半径在 0.0107 ~ 0.0141m 时，可获得较好的分离效率，此时对应的前缘取值范围为 0.09 ~ 0.12 倍弦长。

5. 尾缘尖角和前缘尖角优化

图 4 - 38 和图 4 - 39 分别为不同尾缘尖角 w_2 和前缘尖角 w_1 时，旋流器内最大稳定直径和分割粒径的分布曲线。由图 4 - 38 可知，尾缘尖角对旋流器内最大稳定直径几乎没有影响，分割粒径出现小幅波动，整体上对旋流器的分离性能影响也较小。结构①、结构②、结构③、结构④、结构⑤的最大稳定油滴基本不变，分割直径较大者则为分离效率较小结构，则结构①、结构②的分离效率应该略高。综上所述，结构②的分离效率最好，尾缘尖角的最优范围应在结构①和结构②之间。这是由于随着尾缘尖角的增大，导叶的几何出口角增大，切向速度分量减小，油滴所受的离心加速度减小，分离能力降低；与此同时，尾缘尖角的增加会使尾缘厚度增加，尾缘后尾迹涡增大，增加了能量损失，不利于分离效率的提高。尾缘尖角增大时，速度也产生波动，由于尾缘尖角变化幅度较小，所以这种波动现象不明显，说明了在设计参数范围内尾缘尖角对旋流器的性能改变较小，设计可不做优先考虑。

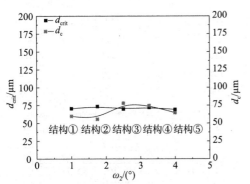

图 4 - 38　不同尾缘尖角的最大稳定直径和　　图 4 - 39　不同前缘尖角的最大稳定直径和
　　　　　分割粒径的分布曲线　　　　　　　　　　　　分割粒径的分布曲线

6. 后缘转折角优化

图 4 - 40 为不同后缘转折角 δ 时，旋流器内最大稳定直径和分割粒径的分布曲线。由图可知，随着后缘转折角的增加，最大稳定直径基本不变，分割粒径缓慢上

升。这是由于随着后缘转折角增大，液流的有效出口角变小，油滴受到的切向速度变小，旋流器的分离性能减弱。此外，后缘转折角的增大使喉部位置向导叶下游移动，吸力边斜切部分叶背轮廓的曲率增大，流动损失增加，分离效果不佳。

由图 4-40 可知，结构①、结构②、结构③、结构④、结构⑤的最大稳定直径基本相同，且结构①、结构②分割粒径较小，所以分离效率最高。结构⑤的分割粒径最大，说明其分离效率最低。综上所述，结构①的分离效率最好，后缘转折角的最优范围应在结构①和结构②之间，本小节的研究工况下后缘转折角为 8°~9°时分离效果最好。

7. 几何出口角优化

图 4-41 为不同几何出口角 β_{2r} 时，旋流器内最大稳定直径和分割粒径的分布曲线。几何出口角是中弧线切向与出口额线的夹角，其数值越大，代表液流在导叶中的转向角越小。本小节在液流出口角 β_2 不变的条件下进行，几何出口角随着栅距 t_{ys}、尾缘弯角 w_2、后缘转折角 δ 等参数的变化也发生变化。由图可知，随着几何出口角的增加，分割粒径显著提高，最大稳定直径变化不大，整体呈缓慢下降的趋势。这是由于随着几何出口角的增加，液流沿切向的速度分量减小，从而降低了油滴在旋流器内所受的离心力，导致分割粒径上升，降低了旋流器的分离效果。由于几何出口角的改变对液流速度大小影响不大，仅改变了液流流动角度，故导叶内的湍流破碎作用变化较小，因此最大稳定直径变化不大。

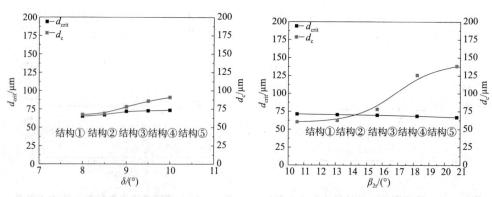

图 4-40 不同后缘转折角的最大稳定直径 和分割粒径的分布曲线

图 4-41 不同几何出口角的最大稳定直径 和分割粒径的分布曲线

5 种结构的最大稳定直径基本不变。结构①、结构②与结构③、结构④、结构⑤相比，分割直径更低，具有更强的分离作用，且最大稳定直径更高，说明剪切作用也较弱。则结构①、结构②的分离效率最高。而结构①与结构②相比，结构①的分割直径略小，最大稳定油滴直径略大，故分离效率更高。在本小节的研究工况下，几何出口角在 10.56°～13.11°时旋流器的分离性能最好，此时最优的取值为 10.56°。

8. 喉部宽度优化

图 4－42 为不同喉部宽度 O 时，旋流器内最大稳定直径和分割粒径的分布曲线。由图可知，随着喉部宽度的增加，最大稳定直径与分割粒径均快速增加。这是由于喉部是流道内最窄的位置，喉部宽度越小，说明流道的收缩程度越大，因此导叶对液流的加速能力就越强，同时也会增加流道内的湍流强度，从而加剧油滴的破碎，因此喉部宽度并不是越小越好，需要寻找一个最优值。

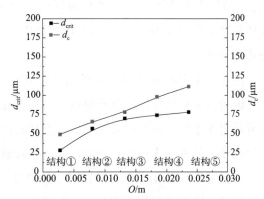

图 4－42　不同喉部宽度的最大稳定直径和分割粒径的分布曲线

由图 4－42 可知，喉部宽度的分布与栅距分布相似，5 种结构的最大稳定直径和分割粒径均增大，不易判断，但结构③、结构④、结构⑤的最大稳定直径近似，而分割粒径不同，结构⑤的分割粒径最大，因此分离效率也最低，结构③的分离效率更大，但结构①、结构②与结构③间的分离效率无法判断。

图 4－43 为不同喉部宽度的零轴速包络面。由图可知，随着喉部宽度的降低，旋流器中零轴速包络面的长度明显增长，说明上旋流长度增长，旋流器内有效分离长度升高，油滴在分离区具有更长的停留时间，有利于分离的进行，故很难判断结构①、结构②、结构③的优劣。

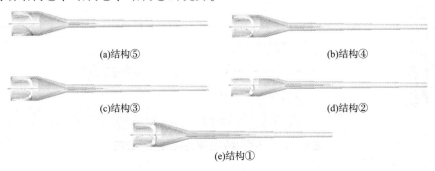

(a)结构⑤　　　　　　　　　　　　　　(b)结构④

(c)结构③　　　　　　　　　　　　　　(d)结构②

(e)结构①

图 4－43　不同喉部宽度的零轴速包络面

图 4 - 44 为不同喉部宽度的切向速度云图。由图可知，随着喉部宽度的降低，导叶出口处切向速度显著增加，大锥段出口 S2 附近出现了大面积的高速区，且高速区由内向外测壁面移动，出现了近似平行于轴线的速度分界带(由于强制涡和自由涡的分界处速度光滑变化，速度分界处不是一条线而是呈带状)，即兰金涡的强制涡和准自由涡的分界带。可知随着喉部宽度的降低，最大切向速度向外侧移动，增加了强制涡内径向的速度梯度，可有效提高流场内的速度分布。

图 4 - 45 为不同喉部宽度的流动剪切应力。由图可知，随着喉部尺寸的减小，流场内湍动能耗散率急剧降低。结构①在分离粒径较小的同时，流场内的湍流剪切力非常大，说明此时流场内存在比较严重的油滴破碎现象，因此会严重制约分离效率的进一步提高，因此需要进一步通过实验来确定。综上所述，在本小节的工况下，喉部宽度在 0.007982 ~ 0.0132m 时分离效果较好，栅距的最优取值并不明确，应该开展相关实验进一步研究。

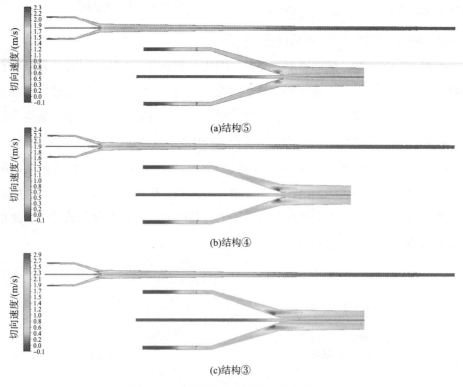

(a)结构⑤

(b)结构④

(c)结构③

图 4 - 44　不同喉部宽度的切向速度云图

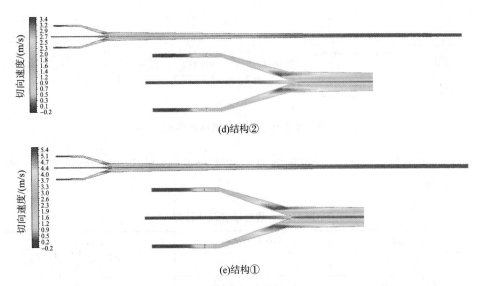

(d)结构②

(e)结构①

图4－44　不同喉部宽度的切向速度云图(续)

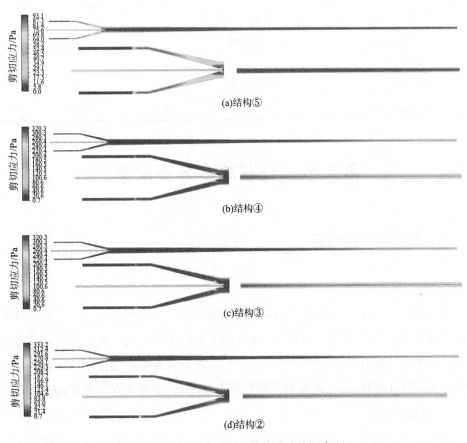

(a)结构⑤

(b)结构④

(c)结构③

(d)结构②

图4－45　不同喉部宽度的流动剪切应力

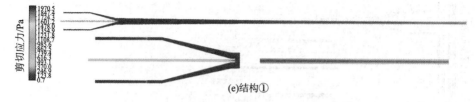

（e）结构①

图4-45 不同喉部宽度的流动剪切应力（续）

通过本节的优化研究获得的紧凑型油水分离器的导叶优化尺寸范围，如表4-2所示。

表4-2 导叶最优尺寸范围

导叶参数	最优尺寸范围	最优值
栅距 t_{ys}/m	0.0541 ~ 0.595	不明确
尾缘半径 r_2/m	0.000594 ~ 0.00119	0.000594
前缘半径 r_1/m	0.0107 ~ 0.0141	0.0141
尾缘弯角 w_2/(°)	1.00 ~ 1.75	1.75
前缘弯角 w_1/(°)	10 ~ 38	17
后缘转折角 δ/(°)	8 ~ 9	8
几何出口角 β_{2r}/(°)	10.56 ~ 13.11	10.56
喉部宽度 O/m	0.007982 ~ 0.0132	不明确

第4节 柱状油水分离设备

一、数值模型的构建

1. 几何模型

本小节对液-液柱状旋流分离器进行数值模拟，结构如图4-46所示，旋流后会产生比重力大很多倍的离心力，由于油和水的密度不同，则受到的离心力也不同，在离心力的作用下分离油水，此柱状旋流分离器的结构：入口段矩形长边为25mm，短边为10mm，旋流器主体直径为50mm，溢流管直径为25mm。

2. 网格的划分

将建立的柱状分离器流体域三维模型导入到Fluent的前处理软件ICEM中进

行网格划分。按照几何尺寸建立三维流体域模型网格(采用非结构化网格),如图 4-47 所示。

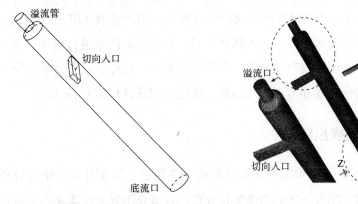

图 4-46   液-液柱状旋流分离器结构示意图   图 4-47   网格示意图

为了保证数值结果与网格数量无关,划分了 3 种不同数量的网格,分别为 188 万、109 万和 46 万,并以切向入口下游 0.15m 位置处的速度做对比,结果如图 4-48 所示。

由图 4-48 可知,随着网格数量的增加,切向速度分布

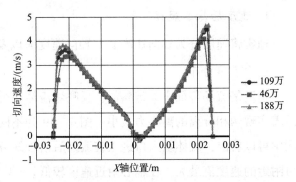

图 4-48   网格无关性分析

略有差异,当网格数量从 46 万增加到 109 万时,切向速度的峰值出现显著增加;当网格数量进一步增加到 188 万时,切向速度峰值变化较小,说明此时网格具有独立性解,从而确定最佳的网格密度,故采用的网格数量为 109 万。

3. 边界条件

设置模拟的介质是水和油,连续相为水,其密度是 998.2kg/m³,黏度为 0.001kg/(m·s)。分散相为原油,其密度是 890kg/m³。入口边界设定为速度边界,入口混合流速为 5m/s。在 Outflow 中设置溢流口与底流口的分流比为 3:7。壁面采用无滑移边界条件。在 Fluent 软件中模拟时,设置在近壁处采用标准壁面函数计算。

在流场的入口还需要定义流场的湍流参数,在 Turbulence Specification Method (湍流定义方法)中,选择水力直径和湍流强度来定义入口边界的湍流,湍流强度的计算方法见式(4-31),水力直径的计算方法见式(4-32)。

4. 其他设置

在使用 Fluent 模拟前用 ICEM 对柱状旋流分离器进行网格划分，然后再用 Fluent 对柱状旋流分离器进行内部流场的计算，压力项选择 PRESTO 算法，其他的方程都采用二阶迎风格式。读入网格之后，首先要对网格进行检查，是否存在负体积，如果存在则网格存在问题，需要重新划分。此外，还可以看出网格几何区域的大小、网格尺寸和节点数等信息。湍流模型选择标准 $k - \varepsilon$ 模型。

二、单相场模拟结论

采用标准 $k - \varepsilon$ 湍流模型对柱状式旋流分离器进行数值计算，细致分析分离器内的速度分布、压力分布和湍流参数分布，并研究不同入口流速和分流比作用下的流场变化规律，掌握柱状旋流分离器内流场特征。

1. 速度场基本规律

通常将速度分为切向速度 v_u、轴向速度 v_x 以及径向速度 v_r 这 3 个分速度。

1) 合速度分布

速度是流场特征中关键参数，反映着流体在分离器中的运动状态，同时也揭示着实现两相分离的离心力大小。图 4 - 49 为不同截面上的合速度分布云图。从图中可以看出，流体从入口进入旋流器后沿轴线分别向溢流口和底流口衰减，入口附近的速度值最大，在轴心附近速度较低。

选取了沿轴线向底流口运动不同距离的 XY 截面，分别记作 S_1 ($Z = -0.125$m)、S_2 ($Z = -0.150$m)、S_3 ($Z = -0.200$m)、S_4 ($Z = -0.250$m)。从这 4 个截面可以看出，速度分布呈现非对称性，轴心处的低速区位置出现波动，且低速区面积不断增大。

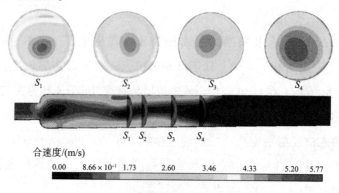

图 4 - 49   不同截面上合速度分布云图

2）切向速度分布

在切向速度、轴向速度、径向速度中，切向速度的值是最大的，它能够决定旋流场中流体所受到的离心力的大小，是旋流场特性分析的重要参数之一。图4-50为不同截面上的切向速度分布云图。从图中可以看出，切向速度分布与合速度分布非常接近，说明了相比其他两个方向速度，切向速度的数值较大，对流体运动的作用最强。流体从入口进入旋流器后沿轴线分别向溢流口和底流口衰减，入口附近的速度值最大，在轴心附近速度较低。与合速度相比，轴心附近的低速区的面积更小。

从 S_1、S_2、S_3、S_4 这4个截面可以看出，与合速度相比，切向速度分布呈现非对称性更强，轴心处的低速区位置出现波动更为剧烈，且低速区面积不断增大，说明切向速度的轴向衰减作用比轴向速度和径向速度更强烈。

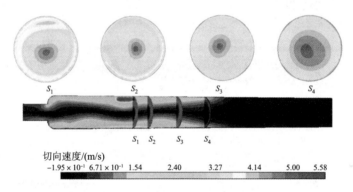

图4-50　不同截面上切向速度分布云图

图4-51为不同 Z 位置上切向速度分布，图中 Line - Z = -0.125m、Line - Z = -0.150m、Line - Z = -0.200m 和 Line - Z = -0.250m 分别为 S_1、S_2、S_3、S_4 截面上通过轴心的直线。由于实际流体存在黏性，切向速度分布是经典的组合涡结构。以最大切向速度点为界，切向速度可分为靠近分离器外壁的准自由涡和靠近分离器中心的准强制涡。准强制涡所包围的区域称为旋转涡核，各轴向截面切向速度最高

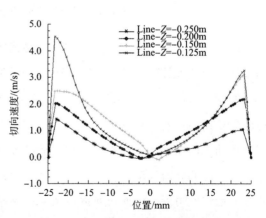

图4-51　不同 Z 位置上切向速度分布

点形成的边界在这里定义为旋转涡核边界。在准自由涡中，流体的旋转速度与半径近似成反比，由于流体的摩擦损失与速度的平方成正比，因此当旋转半径很小、流体速度很大时，流体的能量损失已不能忽略。在某一半径以内，能量损失急剧增大，流体的旋转速度则几乎呈线性下降，在这半径以内的流动便形成了准强制涡。

3）轴向速度分布

图 4-52 为不同截面上轴向速度分布云图，图中正值代表与轴向坐标同向，即为正 Z 轴方向，也就是溢流口方向，反之亦然。由图可知，以切向速度为界，一部分流体向溢流口方向流动，另一部分流体向底流口流动。

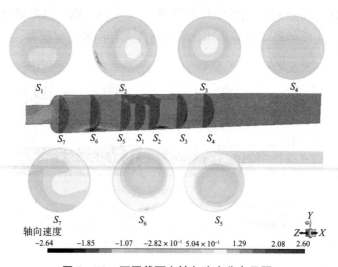

图 4-52　不同截面上轴向速度分布云图

除 S_1、S_2、S_3、S_4 这 4 个截面外，还选取了沿轴线向溢流口运动不同距离的 XY 截面，分别记作 $S_5(Z=-0.100\mathrm{m})$、$S_6(Z=-0.050\mathrm{m})$、$S_7(Z=-0.000\mathrm{m})$。研究发现，入口上游 3 个截面 S_5、S_6、S_7 和下游 4 个截面 S_1、S_2、S_3、S_4 的轴向速度分布规律不同。在 S_1、S_2、S_3、S_4 截面中，轴心附近的速度为正值，即向溢流口运动；而在 S_5、S_6、S_7 截面中，轴心附近的速度为负值，即向底流口流动。说明在下游的旋流运动中，存在向底流口运动的外旋流，密度较大的连续相水分布在靠近器壁附近，因而向底流口运动；还存在向溢流运动的内旋流，密度较小的分散相油分布在轴心附近，因而向溢流运动。上游的旋流运动中，也存在两种运动方向的旋流，外旋流向溢流口运动，内旋流向底流口流动。

图 4-53 为不同 Z 位置上切向速度分布，图中 Line-z = -0.125m、Line-

$z = -0.150\text{m}$、Line $-z = -0.200\text{m}$ 和 Line $-z = -0.250\text{m}$ 分别为 S_1、S_2、S_3、S_4 截面上通过轴心的直线。轴向速度的方向在分离器筒壁附近沿轴向向下，随着横截面半径的减小，轴向速度逐渐减小，在某一半径处，轴向速度为零。随着半径的进一步减少，轴向速度反向向上，并逐渐增大。在靠近轴心区域，由于强烈的旋转，造成了沿分离器筒体轴向从下到上的逆

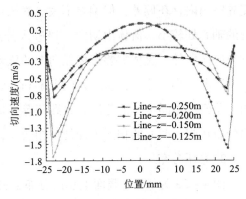

图 4-53　不同 Z 位置上轴向速度分布

压梯度，导致轴向速度不再增大，反而减少，甚者产生逆向回流。各截面轴向速度为零的点所包络的边界称为零轴速包络面，零轴速包络面是分离器内外旋流的分界面，也可以称作上下行流体的分界面。

4)速度矢量分布

图 4-54 为速度矢量图。从图中可知，油水混合物自入口进入柱状旋流器后，分为两种不同方向的流动，一部分向溢流口运动，另一部分向底流口运动。通过局部方法矢量图可以看出，油水混合器在运动过程中出现了两个大涡，分别在入口高度的上游和下游。这是由于该区域流速较大，湍流强度较高，导致运动方向复杂多变，形成了两个大涡。涡的出现使得旋流器内的运动并不是沿轴对称分布，而是出现沿轴线的左右波动。这种波动会增加油水两相掺混，不利于分离的进行。

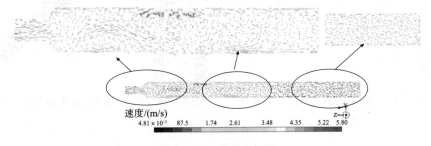

图 4-54　速度矢量图

2. 压力场基本规律

1)静压分布

图 4-55 为 $X = 0$ 截面上静压分布云图。柱状旋流分离器内部流场分为内旋流和外旋流两部分。由图可知，静压力基本呈轴对称性分布，在入口与溢流管的

交界空间内存在偏差，但偏差不大。静压在入口附近的壁面处较大，而在入口附近的轴心处较小。流体由切向入口进入分离器产生旋转，旋转流体产生离心力，方向径向向外。流体需要产生径向内的压差来平衡离心力，因此静压沿径向由外向内逐渐减小。此外，从入口向上游和下游发展过程中，静压逐步趋于稳定，在同一截面处相同半径的静压力大致相等，这说明轴向压力变化不大。内旋流静压的分布在同一截面的相同半径处也相同，相对于外旋流，内旋流的静压较低。

2）总压分布

图4-56为$X=0$截面上总压分布云图。从图中可以看出，总压分布与静压类似，在入口附近近壁面处较大，而在入口附近的轴心处较小；分别从入口向底流口和溢流口，总压逐渐衰减，分布非常均匀。这主要是因为，总压是静压与动压之和，静压沿径向向内逐渐减小，动压沿径向向内先增大后减小。

动压的分布形式决定于速度分布，而旋流分离器的总速度场分布与切向速度场的分布结构类似，这也就决定了动压的"组合涡"分布结构。由于流体黏性的存在，在旋转流动的外围并不是理想的自由涡而是一种"准自由涡"，能量沿径向向内会有略微的损失，因此总压在准自由涡区沿径向向内缓慢衰减。

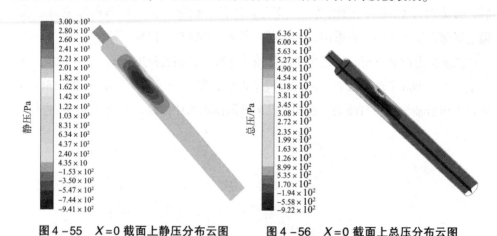

图4-55　$X=0$截面上静压分布云图　　图4-56　$X=0$截面上总压分布云图

3. 湍流场基本规律

1）湍动能分布

图4-57为$X=0$截面上湍动能分布云图。从图中可以看出，入口处湍动能变化较大；整体在径向方向，轴心处湍动能较大，器壁处湍动能较小；整体在轴向方向，从入口向底流口方向大致不变，从入口向溢流口方向湍动能逐渐衰减，

溢流口出口处湍动能较低；整体来看，湍动能分布非常均匀，但入口与旋流器连接部分，由于流速较大，且流动方向发生剧烈变化，湍流较剧烈，湍动能分布出现波动。

2）湍流强度分布

图4-58为$X=0$截面上湍流强度分布云图。由图可知，湍流强度分布云图与湍动能分布云图分布规律十分相似，入口局部区域的湍流强度较低，入口与旋流器连接部分湍流强度显著提高；沿径向方向，越靠近轴线，湍流强度越大，器壁面处的湍流强度低，越靠近轴线，湍流强度越大；沿轴向向底流口流动，湍流强度衰减较慢，且靠近入口出现波动；沿轴向向溢流口流动，湍流强度衰减较快，溢流口出口湍流强度较低。

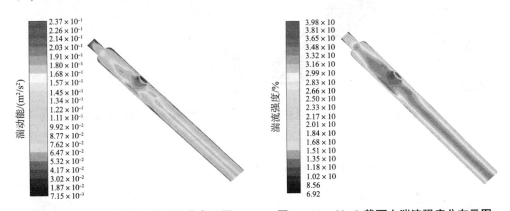

图4-57　$X=0$截面上湍动能分布云图　　　图4-58　$X=0$截面上湍流强度分布云图

3）湍流耗散率分布

图4-59为$X=0$截面上湍动能耗散率分布云图。由图可知，湍动能耗散率在整体分布均匀且较低。在入口处和入口圆周的壁面处湍动能耗散率较大，这是由于：湍流耗散是通过小尺度涡来进行的，在分子黏性作用下大尺度涡的动能以黏性耗散的形式损失掉。在旋流器大部分区域，雷诺数较高，惯性力在运动中起主导作用，因而多以大尺度涡的能量输运为主，在靠近壁面的湍流边界层中，黏性力起主导作用，小尺度涡发生耗散。

4. 速度流线分布规律

图4-60为速度流线分布图。由图可以看出，旋流分离器是靠离心力来进行分离的。流体沿切向方向进入分离器，在旋流器中做旋转运动，一部分流体上旋从上游的溢流口流出，另一部分流体下旋从下游的底流口流出，但旋流衰减较

快，在旋流器中部旋流就衰减殆尽，而产生轴线流动，流出分离器。旋流产生的离心力是两相分离的关键，故柱状旋流器提高分离效率的关键之一是，延长旋流长度，使两相有充分的时间做旋流运动。

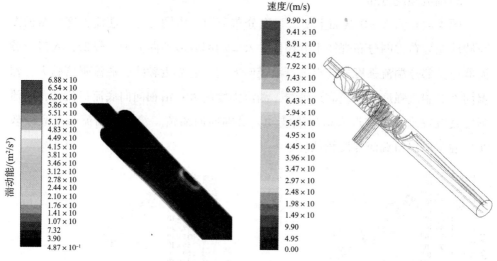

图4-59　X=0截面上湍动能耗散率分布云图　　图4-60　速度流线分布图

5. 入口速度操作参数对流场规律的影响

1) 入口速度的影响

采用单一变量的研究方法，通过数值模拟的方法，研究了不同流速下对流场特性。在模拟中仅改变入口流速，其他参数不变，其中溢流口的溢流比为0.3，油水物性保持不变。

图4-61为不同流速下合速度分布云图。从图中可知，随着入口速度的不断

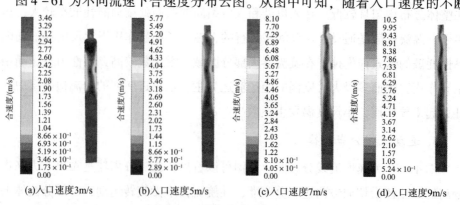

(a)入口速度3m/s　　(b)入口速度5m/s　　(c)入口速度7m/s　　(d)入口速度9m/s

图4-61　不同流速下合速度分布云图

增加，器壁附近的高速区域面积不断增大，轴心附近的低速区域面积不断减小。在不考虑油滴破碎的情况下，入口速度的增加可以显著提高油滴受到的离心力，从而提高油水两相的分离效率。同时，随着入口流速的增加，沿轴线的速度衰减情况减弱，有助于增大分离区域长度。

图 4 - 62 为不同流速下静压分布云图。从图中可知，随着入口速度的不断增加，旋流器中静压基本呈不断增加的趋势；速度为 3m/s 时，静压平均在 5300Pa 左右；速度为 5m/s 时，静压平均在 5000Pa 左右；速度为 7m/s 时，静压平均值达到 6500Pa 左右；速度继续增加到 9m/s 时，静压平均在 11400Pa 左右。随着入口速度的增大，静压分布越来越均匀，轴心静压较低区域波动逐渐减少。

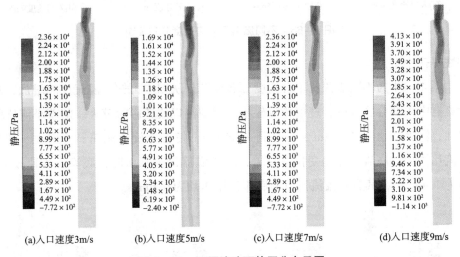

(a)入口速度3m/s   (b)入口速度5m/s   (c)入口速度7m/s   (d)入口速度9m/s

图 4 - 62   不同流速下静压分布云图

图 4 - 63 为不同流速下湍流强度分布云图。从图中可知，随着入口速度的不断增加，旋流器中湍流强度呈现不断增加的趋势：速度为 3m/s 时，湍流强度平均在 26.6% 左右；速度为 5m/s 时，湍流强度平均在 24.1% 左右；速度为 7m/s 时，湍流强度平均值达到 29.9% 左右；速度继续增加到 9m/s 时，湍流强度平均在 35.7% 左右。这是由于随着入口速度的增大，分离器中雷诺数增大，湍流更加剧烈。随着入口速度的增加，湍流强度沿轴向分布越来越均匀，溢流口进口的湍流强度不断增加。

2）溢流比的影响

采用单一变量的研究方法，通过数值模拟的方法，研究了不同溢流比下对流场特性。在模拟中仅改变溢流比，其他参数不变，其中入口流速为 5m/s，油水

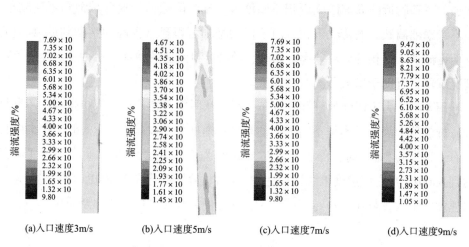

(a)入口速度3m/s   (b)入口速度5m/s   (c)入口速度7m/s   (d)入口速度9m/s

图4-63　不同流速下湍流强度分布云图

物性保持不变。

　　图4-64为不同溢流比下合速度分布云图。从图中可知，溢流比的增加，对旋流器中大部分区域的合速度影响较小，对溢流口流速影响较大。随着溢流比的增加，溢流口速度从0.3m/s提高到1.44m/s，使得上旋流流速显著增大。随着溢流比增加，底流口流速变化不显著，除了溢流比为0.1时，底流口流速较大，约为1.44m/s，其余各溢流比下的底流口流速均为0.6m/s。

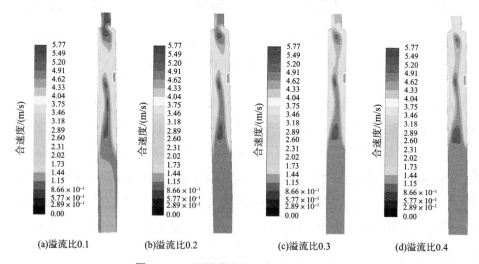

(a)溢流比0.1   (b)溢流比0.2   (c)溢流比0.3   (d)溢流比0.4

图4-64　不同溢流比下合速度分布云图

　　图4-65为不同溢流比下静压分布云图。从图中可知，溢流比的增加，对旋流器中大部分区域的静压影响较小，对溢流管内静压影响较大。随着溢流比

的增加，溢流管内静压平均值从1480Pa降低为354Pa，对底流口附近降压变化不显著，这是由于随着溢流比的增加，溢流管内流速显著提高，管内压力随之降低。

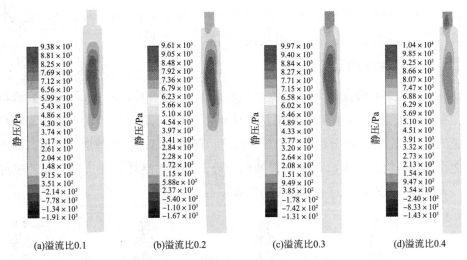

(a)溢流比0.1   (b)溢流比0.2   (c)溢流比0.3   (d)溢流比0.4

图4-65　不同溢流比下静压分布云图

图4-66为不同溢流比下湍流强度分布云图。从图中可知，溢流比的增加，对旋流器中大部分区域的湍流强度影响较小，对溢流管内湍流强度影响较大。随着溢流比的增加，溢流管内湍流强度平均值从20%增加到42%，对底流口附近湍流强度影响不显著，这是由于随着溢流比的增加，溢流管内流速显著提高，管内湍流随之加剧，湍流强度增加。

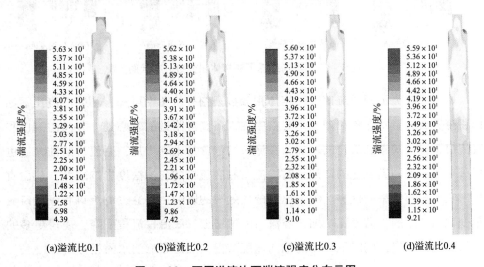

(a)溢流比0.1   (b)溢流比0.2   (c)溢流比0.3   (d)溢流比0.4

图4-66　不同溢流比下湍流强度分布云图

三、多相场模拟

采用标准 $k-\varepsilon$ 湍流模型和 Mixture 多相流模型对柱状式旋流分离器进行数值计算，研究不同入口流速和溢流比作用下的油相分布变化规律，计算柱状旋流分离器内除油率和脱水率，掌握柱状旋流分离器内分离特征。

1. 油相分布规律

图4－67为不同流速下油相体积分数云图。从图中可知，油相进入旋流器后，在入口高度附近的轴心处聚集，在旋流的作用下，油相沿轴向分别向溢流口和底流口运动，绝大部分油相从溢流口流出。随着入口速度的增加，溢流口油浓度变化趋势不明显，入口高度附近的轴心处，含油率略微增加。说明在此工况下，入口流速的增加，对分离效率的影响较小。

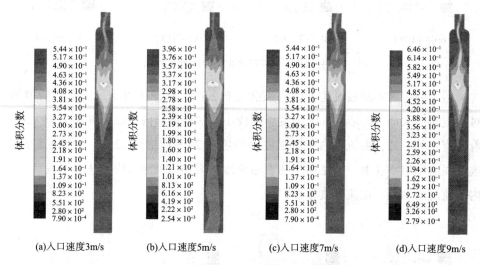

(a)入口速度3m/s　　(b)入口速度5m/s　　(c)入口速度7m/s　　(d)入口速度9m/s

图4－67　不同流速下油相体积分数分布云图

图4－68为不同溢流比下油相体积分数云图。从图中可知，不同溢流比下油体积分数分布形状非常相似，主要集中在入口高度附近的轴心处，并向溢流口和底流口运移。随着溢流比的增加，溢流口的油含量不断增加，底流口的油含量也显著增加。说明溢流比的增加，对溢流口和底流口的含油浓度影响较大，从而直接影响着分离效率的优劣。溢流比对分离效率的影响，是通过溢流口和底流口流量变化而产生的，溢流比增加，溢流口流量增加，底流口流量下降，使得更多的油从溢流口流出，同时下旋流的轴向速度减慢，从而影响油水两相分离。

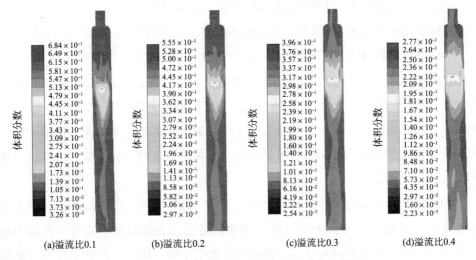

体积分数

6.84×10^{-1}
6.49×10^{-1}
6.15×10^{-1}
5.81×10^{-1}
5.47×10^{-1}
5.13×10^{-1}
4.79×10^{-1}
4.45×10^{-1}
4.11×10^{-1}
3.77×10^{-1}
3.43×10^{-1}
3.09×10^{-1}
2.75×10^{-1}
2.41×10^{-1}
2.07×10^{-1}
1.73×10^{-1}
1.39×10^{-1}
1.05×10^{-1}
7.13×10^{-2}
3.73×10^{-2}
3.26×10^{-3}

(a)溢流比0.1

体积分数

5.55×10^{-1}
5.28×10^{-1}
5.00×10^{-1}
4.72×10^{-1}
4.45×10^{-1}
4.17×10^{-1}
3.90×10^{-1}
3.62×10^{-1}
3.34×10^{-1}
3.07×10^{-1}
2.79×10^{-1}
2.52×10^{-1}
2.24×10^{-1}
1.96×10^{-1}
1.69×10^{-1}
1.41×10^{-1}
1.13×10^{-1}
8.58×10^{-2}
5.82×10^{-2}
3.06×10^{-2}
2.97×10^{-3}

(b)溢流比0.2

体积分数

3.96×10^{-1}
3.76×10^{-1}
3.57×10^{-1}
3.37×10^{-1}
3.17×10^{-1}
2.98×10^{-1}
2.78×10^{-1}
2.58×10^{-1}
2.39×10^{-1}
2.19×10^{-1}
1.99×10^{-1}
1.80×10^{-1}
1.60×10^{-1}
1.40×10^{-1}
1.21×10^{-1}
1.01×10^{-1}
8.13×10^{-2}
6.16×10^{-2}
4.19×10^{-2}
2.22×10^{-2}
2.54×10^{-3}

(c)溢流比0.3

体积分数

2.77×10^{-1}
2.64×10^{-1}
2.50×10^{-1}
2.36×10^{-1}
2.22×10^{-1}
2.09×10^{-1}
1.95×10^{-1}
1.81×10^{-1}
1.67×10^{-1}
1.54×10^{-1}
1.40×10^{-1}
1.26×10^{-1}
9.86×10^{-2}
8.48×10^{-2}
7.10×10^{-2}
5.73×10^{-2}
4.35×10^{-2}
2.97×10^{-2}
1.60×10^{-2}
2.23×10^{-3}

(d)溢流比0.4

图 4-68 不同溢流比下油相体积分数分布云图

2. 分离效率

除油率 E_o：表示油水混合液经旋流器分离后，溢流中的油流量与入口中流量之比。大部分油经溢流后排出，底流中的含油量降低，使得污水被净化。

脱水率 E_w：表示油水混合液经旋流器分离后，底流中的水流量与入口中水流量之比，这是预分旋流器重要指标。脱水率高，可减少富油溢流后续净化工艺的处理量。

除油率 E_o，脱水率 E_w 的表达式如下：

$$E_o = \frac{q_{\text{oil-underflow}}}{q_{\text{oil-inlet}}} \qquad (4-47)$$

$$E_w = \frac{q_{\text{water-outflow}}}{q_{\text{water-inlet}}} \qquad (4-48)$$

式中，$q_{\text{oil-underflow}}$ 为柱状旋流分离器溢流口中的油流量；$q_{\text{oil-inlet}}$ 为入口中的油流量；$q_{\text{water-outflow}}$ 为柱状旋流分离器底流口中的水流量；$q_{\text{water-inlet}}$ 为入口中的水流量。

1）不同分流比下的分离效率

由式（4-47）和式（4-48），根据模拟结果计算出除油率和脱水率，具体如下：

（1）溢流比是 0.1，计算得：$E_o = 0.034$；$E_w = 0.927$。

（2）溢流比是 0.2，计算得：$E_o = 0.074$；$E_w = 0.823$。

（3）溢流比是 0.3，计算得：$E_o = 0.098$；$E_w = 0.721$。

（4）溢流比是 0.4，计算得：$E_o = 0.121$；$E_w = 0.617$。

为了更直观地分析，将上述结果绘制为点线图。图 4-69 为不同溢流比下除油率。由图可知，随着溢流比的增加，除油率显著提高，从 3.4% 提高到 12.2%，但除油率均不高，说明此工况下柱状旋流器对于去除溢流口中油的能力较弱。溢流比的增加，使溢流口流量增加，更多的油水混合物从溢流口流出，从而除油率随之增加。

图 4-70 为不同溢流比下的脱水率。由图可知，随着溢流比的增加，脱水率显著下降，从 92.7% 降低为 61.7%，说明随着溢流比的增加，底流口含油浓度显著增加，使柱状旋流器初步分离油中水的能力下降。因此，在此工况下，溢流越小，对脱水率的提高更有利。

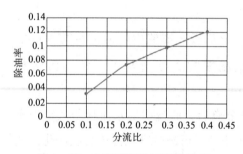
图 4-69　不同溢流比下的除油率

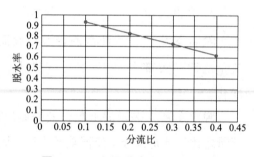
图 4-70　不同溢流比下的脱水率

2）不同入口速度下的分离效率

研究了不同入口速度对分离效率的影响，入口速度分别是 3m/s、5m/s、7m/s、9m/s。

由式（4-47）、式（4-48）分别计算出各个速度下的除油率和脱水率，具体如下：

（1）入口流速为 3m/s，计算得：$E_o = 0.186$；$E_w = 0.712$。

（2）入口流速为 5m/s，计算得：$E_o = 0.098$；$E_w = 0.721$。

（3）入口流速为 7m/s，计算得：$E_o = 0.064$；$E_w = 0.727$。

（4）入口流速为 9m/s，计算得：$E_o = 0.056$；$E_w = 0.731$。

为了更直观地分析，将上述结果绘制为点线图。图 4-71 为不同入口流速下除油率。由图可知，随着入口流速的增加，除油率显著降低，从 18.6% 降低至

5.6%，但与溢流比作用规律相同，除油率均不高。入口流速的增加，使流场中湍流更剧烈，运动轨迹更加复杂，使得油核发生波动，因此油水界面非常不稳定，混油情况加剧，从而导致除油率随之降低。

图4-72为不同入口流速下脱水率。由图可知，随着入口速度的增加，脱水率缓慢升高，基本维持在71%~72%，说明入口流速对脱水率影响较弱。这主要因为入口速度的增加，一方面增加了油滴所受的离心力，对两相分离有益；另一方面也缩短了两相在分离器内的停留时间，不利于分离。在两方面因素共同作用下，脱水率缓慢升高，基本保持不变。

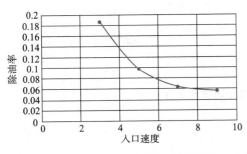

图4-71　不同入口流速下的除油率

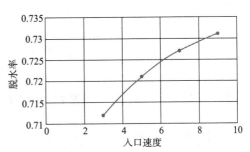

图4-72　不同入口流速下的脱水率

第5节　T形管油水分离设备

一、数值模型的构建

1. 几何模型

建立物理模型前，考虑到不同的管径对T形管产生的局部损失的不同，以及管道所承受的压力变化，结合实际情况建立二维T形管模型。研究T形管分离器过程中，由于垂直分支管和主管以及分支管的运动场的变化情况最为复杂，为了不影响模拟结果的正确性，将复杂结构简单化。

T形管分离器由三部分组成，分别为主管、分支管、汇管。其中主管直径 $D=50\text{mm}$，汇管直径为 $D_m=50\text{mm}$，主管入口段长度为 $L_m=500\text{mm}$，分支管高度为 $h=250\text{mm}$，分支管直径 $D_b=24\text{mm}$。建立的具体结构如图4-73所示。

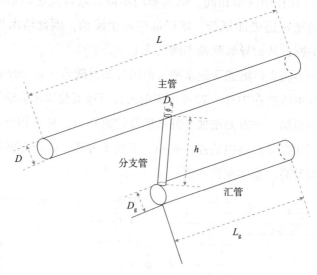

图4－73　T形管分离器示意图

2. 网格的划分

网格质量好坏对 Fluent 数值模拟结果的准确性有着重要的影响。如果网格数量不够，可能直接影响结果的准确性。网格数量过多也会影响计算效率。综上所述，划分网格是否合理对数值模拟的结果会产生很大的影响。本小节采用 ICEM 软件进行网格划分，基于 Robust（Octree）方法划分非结构化网格，在主管和分支管、分支管和汇管交汇流动情况比较复杂处进行加密处理，进而确保网格的适合性。网格如图 4－74 所示。

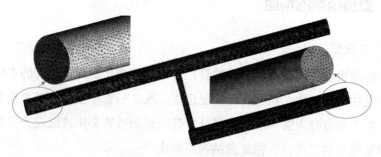

图4－74　网格示意图

此外，为了保证计算结果不受网格数量影响，还进行了网格无关性分析。本小节以分离器进出口质量流量为评价指标，分析不同网格数条件下进出口流量分布。网格数量分别为 104 万、61 万、32 万共 3 组，当进出口质量流量随网格密度变化较小时，网格具有独立性解，从而确定最佳的网格密度。模拟结果如

图 4 -75 所示。当网格数量为 61 万和 104 万时，进出口质量流量相对误差小，因此最终采用的网格数量为 61 万。

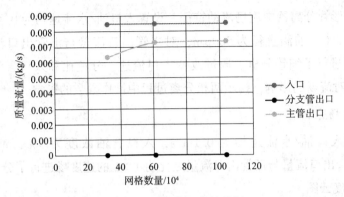

图 4 -75　网格无关性分析

3. 边界条件

由于液体压缩性较小，采用速度入口边界条件，方向垂直入口截面，入口速度为 0.1m/s，入口油水混合物中油相的体积分数为 5%。T 形管主管和汇管两个出口设置为自由出流，因为在汇管出口处，已经远离支管，形成分层流，几乎不会出现回流，模型的收敛性不会因此产生影响；主管和汇管的分流比设置为1 : 1，管壁为无滑移壁面。

在流场的入口还需要定义流场的湍流参数，在 Turbulence Specification Method（湍流定义方法）中，选择水力直径和湍流强度来定义入口边界上的湍流，湍流强度的计算方法见式(4 - 31)，水力直径的计算方法见式(4 - 32)。在本小节的工况下，水力直径为 50mm，湍流强度为 5.5%。

4. 湍流模型和多相流模型

本小节研究 T 形管道内的油水两相流动，采用 RNG $k - \varepsilon$ 的湍流模型。油水两相混合物采用欧拉多相流模型。

5. 收敛条件

模拟结果是否收敛决定着数值模拟的成败。判断一个模拟是否收敛，可通过计算残差值进行判断，但是此过程需要整个模拟过程的完整数据，以及流入和流出的能量是否守恒来判断计算是否收敛。在计算过程中，当各个变量的残差值都达到收敛标准时，认为计算是收敛的。本小节将所有变量收敛标准的残差值设为 10^{-3}。

二、T形管分离器的流场分析

分析 T 形管分离器中流场流动特征，设置入口油/水流速均为 0.1m/s，入口含油浓度为 5%，油滴直径为 500μm，对主管出口流量与汇管出口流量之比为 1∶1 的流场进行了细致分析。通过改变入口流速、分流比和入口含油浓度，分析操作参数对流场的影响，揭示两相分离过程中操作参数的影响。

1. 速度场分析

首先对入口油/水流速均为 0.1m/s，入口含油浓度为 5%，油滴直径为 500μm，主管出口流量与汇管出口流量之比为 1∶1 的速度场进行了分析。

1）合速度云图

图 4 – 76 为两相合速度分布云图，其中图 4 – 76(a)为水相合速度，图 4 – 76(b)为油相合速度。从图中可知，两相速度分布规律基本相同，在主管中速度沿 Z 方向(流动方向)速度逐渐降低；分支管中速度最大，这是由流动截面积突然缩小以及重力加速度共同作用引起的。但是油水两相由于重力不同，在管中分布位置也不同，使得水相在主管顶部区域(油相聚集区域)速度较小；相反，油相在主管顶部区域流速明显高于水速。这种趋势更加明显地发生在汇管中，水相在汇管中速度较高，而油相在汇管(油相分布较少)中速度较低。

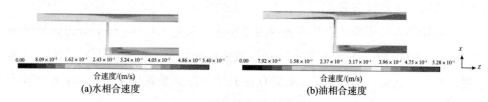

图 4 – 76　两相合速度分布云图

2）合速度矢量图

图 4 – 77 为两相合速度矢量图，其中图 4 – 77(a)为水相，图 4 – 77(b)为油相。从图中可知，在油相聚集的主管顶部，水相并无速度；在水相聚集的主管和汇管底部，油相并无速度；揭示了 T 形管式分离器可以实现油水两相的分离。沿着流动方向(Z 轴正方向)，速度是逐渐衰减的。

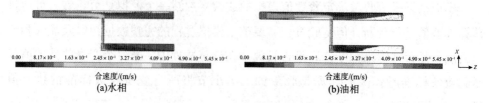

图 4 –77　两相合速度矢量图

图 4-78 为汇管处两相合速度矢量局部放大图，其中图 4-78(a) 为水相，图 4-83(b) 为油相。从图中可知，虚线圆圈处为出现的涡流。由于流动方向发生改变，在汇管前端以及分支管上游出现涡流，流动方向杂乱，湍流程度增加，给两相的分离带来不利影响。此外，从图中可以清楚地看到，水相和油相的分布位置不同：在主管中，油相位于顶部，而水相位于底部；在顶部底部之间，两相均存在速度，说明顶部底部之间存在掺混，是待分离的主要区域。

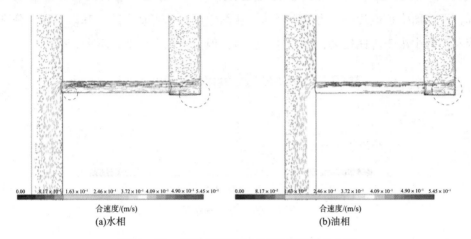

图 4-78　汇管处两相合速度矢量局部放大图

3) 流线图

图 4-79 为两相流线图，图中不同灰度代表不同的流体颗粒。从图中可知，在主管中分支管位置附近，流线出现波动，这是由分支管的分流作用引起的。在汇管上游，由于流动方向的改变，流线呈现混乱而无序，经过一段长度的流动后，才趋于稳定。

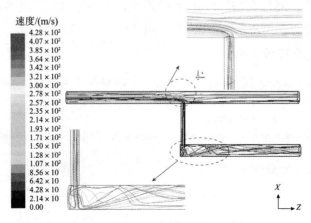

图 4-79　流线图

2. 压力场分布

对入口油/水流速均为 0.1m/s，入口含油浓度为 5%，油滴直径为 500μm，主管出口流量与汇管出口流量之比为 1:1 的压力场进行了分析。

1)静压分布

图 4-80 为两相混合静压分布，由于模拟中设置的是速度入口，入口表压设置为 0，且出口设置为 Outflow，也就是根据入口给定条件进行压力和速度的计算，所以图中负值代表压力的降低值。从图中可知，主管中静压基本不变，分支管和汇管中由于流速较大，压力降低较多，但沿流动方向变化不大。

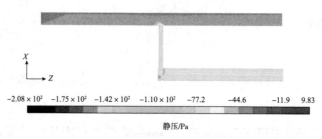

$$-2.08 \times 10^2 \quad -1.75 \times 10^2 \quad -1.42 \times 10^2 \quad -1.10 \times 10^2 \quad -77.2 \quad -44.6 \quad -11.9 \quad 9.83$$

静压/Pa

图 4-80 静压分布图

2)总压分布

图 4-81 为总压分布云图，其中图 4-81(a) 为水相，图 4-81(b) 为油相，由于模拟中设置的是速度入口，入口表压设置为 0，且出口设置为 Outflow，也就是根据入口给定条件进行压力和速度的计算，所以图中负值代表压力的降低值。从图中可知，两相总压分布规律类似，只是数值略有差异，具体规律为：在主管和汇管中沿流动方向压力基本不变，略有衰减；分支管由于流动面积突然减少，总压与主管相比，降低较多，但在分支管中沿流动方向总压基本不变，略有衰减。对于主管而言，两相总压降低情况基本相同；对于汇管而言，水相总压降低更大，而油相总压降低更小。

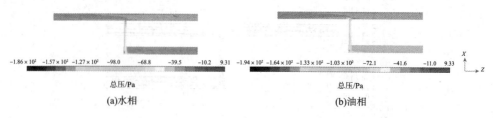

$$-1.86 \times 10^2 \quad -1.57 \times 10^1 \quad -1.27 \times 10^2 \quad -98.0 \quad -68.8 \quad -39.5 \quad -10.2 \quad 9.31$$

总压/Pa

(a)水相

$$-1.94 \times 10^2 \quad -1.64 \times 10^2 \quad -1.33 \times 10^2 \quad -1.03 \times 10^2 \quad -72.1 \quad -41.6 \quad -11.0 \quad 9.33$$

总压/Pa

(b)油相

图 4-81 总压分布云图

3）压降情况

通过 Reports 中 Surface Integrals 分别计算入口、主管出口和汇管出口的总压质量平均。为了分析方便绘制相应柱状图（图4-82）。从图中可以看出，水相、油相和混合物的主管压降均小于汇管压降，混合物压降比油水两相略低，油相的主管压降略低，水相的汇管压降略低。主管压降在6~9Pa，汇管压降在170~172Pa。

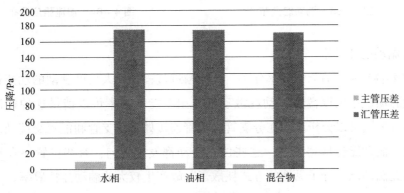

图4-82　各出口压降分布

3. 湍流场分布

对入口油/水流速均为0.1m/s，入口含油浓度为5%，油滴直径为500μm，主管出口流量与汇管出口流量之比为1：1的湍流场进行了分析。

1）湍动能分布

图4-83为湍动能分布。湍动能是单位质量脉动运动的动能的平均值，代表湍流脉动的动能。由图可知，湍动能在主管中油相和水相的交界面，分支管以及汇管上游处较大。其中，在汇管上游处，湍动能达到了峰值。主要原因分析如下：①油相和水相界面由于存在相间掺混，脉动速度较大，因此湍动能较大；②分支管和主支管的截面面积相比差异比较大，但流速突增，使得脉动速度较大；③汇管上游由于流动方向的突然改变，存在二次涡，因此脉动速度也较大。

2）湍流强度

图4-84为湍流强度分布，湍流强度是脉动的均方根与平均速度的比值，表征湍流发展强度，通常小于1%为低湍流强度，高于10%为高湍流强度。从图中可知，湍流强度在分支管和汇管上游达到局部峰值，前者约为5.21%，后者约为6.82%。在主管中游湍流强度较大，说明此处油水两相相互掺混和分流，湍流强度较高，而湍流强度在主管和汇管出口表现出较弱的现象，说明湍流已经基本充分发展。

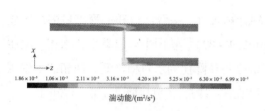

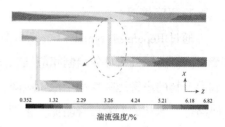

图 4-83　湍动能分布　　　　　　　　　　图 4-84　湍流强度分布

3）湍动能耗散率

图 4-85 为湍动能耗散率分布。湍能输运过程中，大尺度脉动的动能传输给小尺度脉动，小尺度湍流脉动耗散动能，湍动能耗散率可以衡量这种耗散的强弱。通过云图可以分析出，在分支管和主管连接处、分支管和汇管交接处以及汇管上游，湍动能耗散率较高，这些位置流动都发生转向，有些位置还存在二次涡，因此湍动能以分子黏性的方式耗散了，故产生较大的湍动能耗散率。

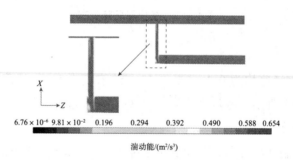

图 4-85　湍动能耗散率分布

4. 操作参数对速度流场的影响

1）入口速度的影响

针对 T 形管分离器结构，分别模拟了速度入口流速为 0.10m/s、0.30m/s、0.50m/s、0.70m/s 时的情况，取 3 个 Z 轴截面进行分析，截面位置分别 $Z = 0.1m$、$Z = 0.5m$、$Z = 0.8m$，通过云图，观察不同流速下流场分布规律。

图 4-86 为不同流速下合速度场分布。如图所示，水平主管和分支管在交汇前流体已经充分混合，在交汇处，速度急剧变大，等到达汇管之后流体再次充分混合。随着入口流速的增加，分支管峰值速度显著增加，从 0.1m/s 增加到 0.3m/s；主管中速度分布较为均匀，汇管中速度分布混合越来越稳定；说明随着入口流速的增加，流体在汇管的混合程度越充分，速度场越趋于稳定，但入口流

速为0.70m/s，油水混合层又不稳定。但随着流速的增大，流畅越趋于稳定。综上所述，随着入口流速的增加，油水混合越趋于稳定，入口流速设置为0.50 ~ 0.70m/s，有利于分离效率的提高。

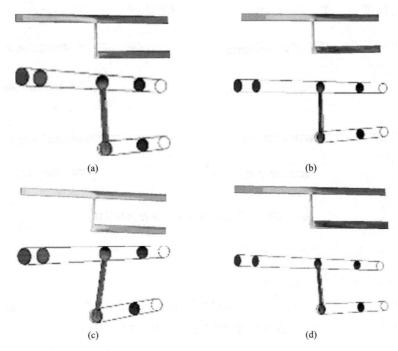

图4-86　不同流速下合速度场分布

2）分离比的影响

针对T形管分离器结构，分别模拟了分流比为0.3%、0.5%、0.7%、0.9%时T形管分离器流场。

图4-87为分离比为0.3、0.9下速度分布。如图所示，主支管的速度场随着分离比的增加越趋于稳定，分支管内的速度场在交汇处依然急剧变化。

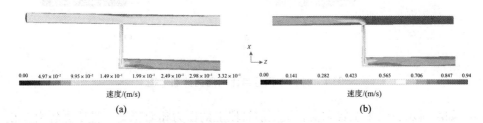

图4-87　分离比0.3、0.9下速度分布

3）入口含油率的影响

针对T形管分离器结构，分别模拟了入口含油率为3%、5%、7%、9%时

的情况，观察 T 形管内速度场情况。图 4 - 88 为不同入口含油率合速度分布云图。由图可以直观地发现，随着含油浓度的增加，主管速度场越趋于稳定，壁面上流速随着含油率的增大而减小；分支管速度场仍急剧变化；汇管在含油率为 5% ~ 7% 时最为稳定。说明管壁上的流速在逐渐降低，且越发不稳定。

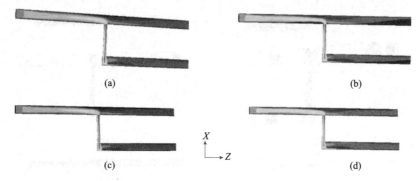

(a)　　　　　　　　　　　　　(b)

(c)　　　　　　　　　　　　　(d)

图 4 - 88　不同入口含油率合速度分布云图

5. 操作参数对压力流场的影响

1) 分流比对压力场的影响

针对此规格的 T 形管，由计算结果得到的压力云图见图 4 - 89。分别模拟了分离比为 0. 3、0. 5、0. 7、0. 9 时 T 形管压力云图结果分析如下。

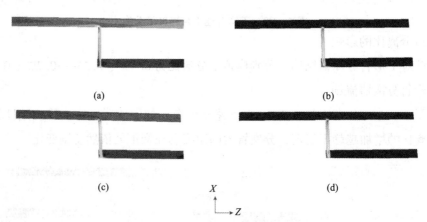

(a)　　　　　　　　　　　　　(b)

(c)　　　　　　　　　　　　　(d)

图 4 - 89　不同分离比的压力分布云图

如图所示，水平主管和支管交汇前管段上的压力相对稳定，且压力较大。在交汇处，压力发生了急剧变化，形成一个高压力过程。等流体流出时，压力逐渐变小，并在出口处形成一个低压区。随后，流体压力趋于稳定。主管的压力随着流体的流动压力逐渐变小。改变分离比参数的大小可发现，随着分离比超过

0.5，主支管的压力越小，且更趋于稳定。

2）入口速度对压力场的影响

针对 T 形管分离器结构，分别模拟了速度入口流速为 0.10m/s、0.30m/s、0.50m/s、0.70m/s 时的情况，取截面位置分别 $Z = 0.1m$、$Z = 0.5m$、$Z = 0.8m$ 进行分析，通过云图来观察不同流速下流场分布规律。图 4 – 90 为不同入口含油率压力分布云图。观察云图可得出，入口速度的变化对压力场的影响较大，水平主管和支管交汇前管段上的压力相对稳定，且压力较大。在交汇处，压力发生了急剧变化，形成一个高压力过程。等流体流出时，压力逐渐变小，并在出口处形成一个低压区。但是随着入口流速的增大，主支管的压力分布趋于稳定且压力较小。

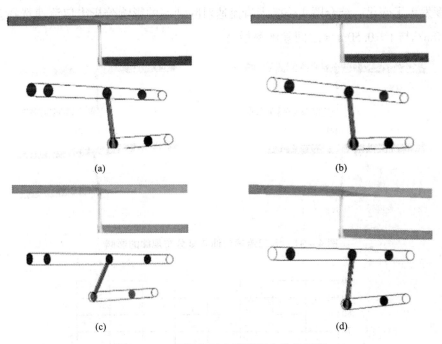

(a)   (b)

(c)   (d)

图 4 – 90　不同入口含油率压力分布云图

三、操作参数对油水分离规律的影响

1. 入口混合流速对分离的影响规律

T 型管分离器需要满足不同处理量的分离要求，改变入口速度工况 $V = 0.10m/s$、$V = 0.30m/s$、$V = 0.50m/s$、$V = 0.70m/s$，力求更加全面、准确地研究

T形管在不同入口混合流速下的分离效果和效率。

入口流速对油浓度分布的影响规律如图 4 – 91 所示。随着入口混合流速增加，出水口含油率也出现递增状况。分离效率两端区域的变化较小，中间区域的变化较大。其主要原因是，流速变化导致油层和混合层的高度发生了变化。入口流速为 0.30m/s 时，油水两相沉降时间充足，在入口充分发展段分层良好，经过分支管出现扰动之后能快速恢复。当入口混合流速增加时，油水两相之间发生的剪切作用变大，使得油水两相充分混合。当流体至 T 形管垂直分支管时，部分混合层会在水层的携带作用下流动至出水口，并且经过扰动使流体沉降时间缩短，进而油水分层效果变差，出水口油流增大。设置流速变化，T 形管内两端区域的变化较小，中间区域的变化较大。其主要原因是，流速变化导致油层和混合层的高度发生了变化。结合图 4 – 92 入口流速对除油率的影响分析出口流速选择 $V = 0.30m/s$ 与 $V = 0.50m/s$ 之间除油率最高。

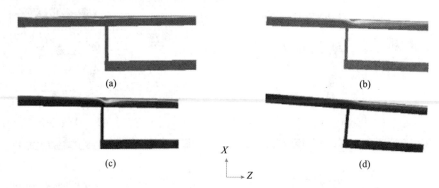

图 4 – 91   入口流速对油浓度分布规律的影响

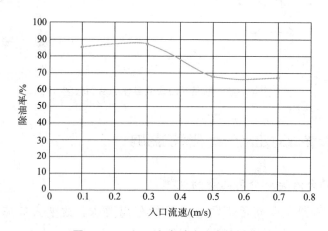

图 4 – 92   入口流速对除油率的影响

入口流速对分离效果的影响主要体现在两个方面：

(1)流体在分离器中的停留时间短。

(2)界面附近的油相以分散相油滴的形式存在于水相中，油水两相混合均匀，油层向混合层转化。

综上所述，入口流速选择 $V=0.30\text{m/s}$ 与 $V=0.50\text{m/s}$ 之间为最佳。油水混合带范围扩大，流体经过分支管分流过程中会携带较多的油相流入汇管中，T形管的出水口含油率提升，对应的出油率也相应增加。由分离效率的定义可知，此时分离效率会降低，降低的程度由水出口含油率的增加量来决定。

2. 含油浓度对油水分离的影响规律

水出口含油率是T形管分离器分离效果的重要考量指标，本小节讨论改变含油率对油水分离的影响。模拟含油浓度3%、5%、7%、9%，规定入口流速为 0.1m/s，分离比为 0.5，油滴直径为 $500\mu\text{m}$。

入口含油浓度对油浓度分布的影响规律如图4-93所示。随着含油浓度的增加，出水口含油率也增加。这是由于油水混合层的厚度增加，在管中的高度降低，经过分支管容易被水相携带。分析油相分布图可以看到，混合层分成了两部分，一部分流入支管，另一部流向主管出口。当油浓度为5%时，只有上部油层流入了支管。当油浓度5%时，可以看到混合层分成了两部分，一部分流入支管；当含油浓度为7%时，此时混合层已经全部流入支管，而水层也开始流入支管。随着含油率的增加，最先流入支管的为油相。

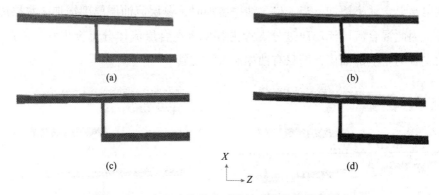

图4-93　入口含油浓度对油浓度分布规律的影响

图4-94为入口含油浓度对除油率的影响，可以看出，随着入口含油浓度的增加，除油率呈现出先增大后减小的趋势，其中在入口含油浓度为7%时，除油率达到峰值。

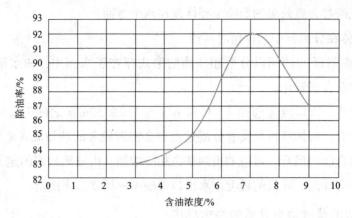

图4-94　入口含油浓度对除油率的影响

3. 分流比对油水分离的影响规律

如图4-95和图4-96所示，分流比较小时，水出口的含油率较低，随着分流比的增大，出水口含油率开始增加。随着分流比继续增大，混合层开始流入支管，分离效率随着分离比的增加呈先增后减规律。分流比继续增大，混合层全部流入支管后，水层开始流入支管，此时分离效率随着分流比的增加呈线性减少。混合流体经过入口充分发展段形成分层流，流体流经分支管进入汇管，流动至出水口。分层流顶层为油层，中间为油水混合层，底层为水层，流体通过分支管时，主要是底层水相分流，因此分流比低时，出水口含油率很低。随着分流比增加，各分支管的流量增大，油水间扰动增强，取水过程携带了部分混合层流体，导致出水口含油率增加。当入口含油率增加时，分层流油层厚度增加，水层厚度减小，因此混合流体流动通过分支管更容易将混合层流体分流至出水口。此时，流入支管的是上部油层，即只有油相流入了支管。

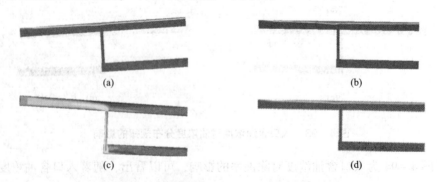

图4-95　分流比对油浓度分布规律的影响

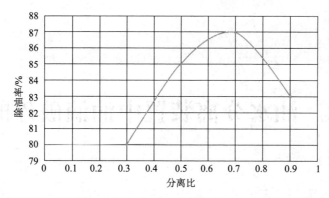

图 4 - 96   分流比对除油率的影响

4. 最佳操作参数

综合考虑油浓度分布规律和除油率，给出本小节所研究的 T 形管结构下，最佳操作参数为入口流速 $V = 0.30 \sim 0.50 \text{m/s}$，分离比为 $0.5 \sim 0.7$，含油率为 $5\% \sim 7\%$，此时除油率最高可以达到 87%。

第5章 油水分离装置中油滴破碎的影响

第1节 湍流场中液滴破碎理论

一、湍流场中液滴破碎基础

湍流中的液滴形变和破碎主要是由于液滴与连续相中湍流涡相互作用引起的，其作用方式取决于液滴和与涡的相对尺度；当液滴尺寸大于最小涡尺寸，液滴则受到动态压力的作用；当液滴尺寸小于最小涡尺寸，液滴受到黏性应力作用。从应力平衡的角度来看，分散相液滴破碎过程的主要影响因素是动态压力。此外，液滴表面张力和液滴内部流动的黏性力阻止液滴产生变形破碎。

湍流液 – 液体系中最常用的预测液滴尺寸的模型都是基于 Kolmogorov – Hinze 理论。动态压力 τ 由连续相密度和作用于液滴表面的速度决定，可以写成下式：

$$\tau = \rho_c \overline{\delta u^2(d)} \tag{5-1}$$

式中，τ 为动态压力，表示连续相的作用力，Pa；ρ_c 为连续相密度，kg/m³；d 为分散相油滴粒径，m；$\overline{\delta u^2(d)}$ 为距离等于液滴直径时瞬时速度的空间纵向自相关，m²/s²。

Kolmogoroff 认为，在高雷诺数湍流某一尺度范围内，可以把湍流脉动视为一种子系统。该子系统独立于大尺度运动之外，且该系统中能量的输入和输出同时进行，从而使得该子系统能够达到局部的统计平衡态，此时湍流脉动处于局部各向同性，该子系统被称为惯性子区。当油滴的尺寸在惯性子区内时，湍流场可近似视为各向同性。式（5 – 1）中的速度与湍动能耗散率有关，其关系式见式（5 – 2）：

$$\overline{\delta u^2(d)} = C_1 \varepsilon^{2/3} d^{2/3} \tag{5-2}$$

式中，C_1 为常数，根据 Batchelor 的研究，$C_1 \approx 2.0$；ε 为湍动能耗散率，m²/s³。

通过上述分析，Hinze 给出了湍流中最大稳定液滴尺寸的表达式：

$$d_{crit}\left(\frac{\rho_c}{\sigma}\right)^{3/5}\varepsilon^{2/5} = C \qquad (5-3)$$

此外，Hinze 用量纲分析建立了 2 个无量纲量来描述液滴的破碎，分别为韦伯数 We 和黏性无量纲数 N_{vi}。通常，临界韦伯数 We_{crit} 与黏性无量纲数 N_{vi} 间的函数如式(5-4)所示：

$$We_{crit} = C[1 + \phi(N_{vi})] \qquad (5-4)$$

式(5-4)中，韦伯数与黏性无量纲数定义为：

$$We = \frac{\tau d}{\sigma} \qquad (5-5)$$

$$N_{vi} = \frac{\mu_d}{\sqrt{\rho_d \sigma d}} \qquad (5-6)$$

式中，μ_d 为分散相油滴的黏度，Pa·s；ρ_d 为分散相油滴的密度，kg/m³；σ 为油滴的表面张力，N/m。

液滴的破碎取决于临界韦伯数，其与最大液滴粒径 d_{crit} 有关。d_{crit} 是液滴可以抵抗湍流涡产生的动压应力而不破碎的最大粒径。

二、湍流场内液滴最大稳定直径理论

湍流场中绝大部分的气泡或液滴尺寸的预测模型都是基于 Kolmogorov – Hinze 模型。Hinze 是这一领域的奠基人，他认为湍流中分散相液滴破碎过程的主要影响因素是动态压力。由于由湍流波动产生的动态压力的作用时间太短，还没有任何显著的黏性力作用在液滴上，因此该力与液滴尺寸相同距离内的速度变化有关。动态压力 τ 由连续相密度和作用于液滴表面的速度差决定，可以写成下式：

$$\langle \tau(d) \rangle = C_1 \rho_c \langle u^2(d) \rangle \qquad (5-7)$$

Kolmogorov 认为，在高雷诺数湍流某一尺度范围内，湍流脉动可以看作是一种独立于大尺度运动的子系统，一方面有源源不断的能量输入，另一方面又能够输出动能到耗散区，从而使该子系统达到局部的统计平衡态。此时，湍流脉动具有局部各向同性，这个子系统就被称为惯性子区。当油滴的尺寸在惯性子区内时，湍流场可以近似看成是各向同性的。式(5-7)中的速度与湍流耗散率有关，其关系式为：

$$\langle u^3(d) \rangle = C_2 \varepsilon d \qquad (5-8)$$

通过上述分析，Hinze 给出了湍流中的最大稳定液滴尺寸的表达式：

$$d_{max}\left(\frac{\rho_c}{\sigma}\right)^{3/5}\varepsilon^{2/5} = C \tag{5-9}$$

此外，Hinze 还利用量纲分析建立了 2 个无量纲量来描述液滴的破碎过程，分别为韦伯数 We 和黏性无量纲组 N_{vi}。通常临界韦伯数 We_{crit} 与黏性无量纲组 N_{vi} 的函数如式(5-10)所示。

$$We_{crit} = C[1 + \phi(N_{vi})] \tag{5-10}$$

式中，韦伯数与黏性无量纲数定义为：

$$We = \frac{\tau d}{\sigma} \tag{5-11}$$

$$N_{vi} = \frac{\mu_d}{\sqrt{\rho_d \sigma d}} \tag{5-12}$$

液滴的破碎取决于临界韦伯数，其与最大液滴直径 d_{max} 有关，d_{max} 是液滴可以抵抗湍流涡产生的动压应力而不破碎的最大粒径。液滴最大稳定直径 d_{max} 通常用 d_{95} 表示，其为累计分布百分数达到 95% 时所对应的粒径值。Sauter 直径 d_{32} 也广泛应用在描述液-液或气-液分散特征中，其与最大稳定直径存在如下关系：

$$d_{32} = \frac{\sum n_i d_i^3}{\sum n_i d_i^2} \approx \frac{d_{max}}{k_d} \tag{5-13}$$

根据 Azzopardi 的研究，$k_d \approx 0.5$。

此外，液滴的变形类型(扁豆形、雪茄形和肿胀形)和周围连续相的流型(平行流、平面双曲线流、轴对称双曲线流、库特流、旋转流和不规则流)都会影响 We_{crit} 的取值。因此，对于某些复杂流场，统计平均的 We_{crit} 将决定流场中能承受破碎的平均最大液滴尺寸。

随着研究的不断深入，许多学者通过不同的方式对湍流场内液液分散体系的最大稳定粒径进行分析研究，分别从不同的角度对最大稳定液滴粒径进行了理论推导。其中，以 Vankva 和 Davis 从应力平衡角度进行的理论推导、Calabrese 从能量平衡角度进行的理论推导以及 Lagisetty 从液滴变形破碎所需时间角度进行的推导较为典型。

1. 从应力平衡角度的推导

从应力平衡的角度来看，分散在湍流连续相中的液滴可能会在作用于液滴表面的黏性或惯性应力的作用下发生破碎，而这些应力中的哪一个占主导地位则取决于分散相液滴尺寸与流动中最小湍流涡的大小之比。Kolmogorov 在研究中给出了湍流场中影响分散相液滴破碎的最小涡旋大小 λ_0 的计算公式：

$$\lambda_0 = \varepsilon^{-1/4} \mu_c^{3/4} \rho_c^{-3/4} \qquad\qquad (5-14)$$

湍流耗散率 ε 是每单位质量流体的能量耗散率，它能够表征在液滴分散过程中的连续相的动力条件。在实际的分散过程中仍存在有尺寸小于 λ_0 的湍流涡，然而，这些涡中的流动是规则的，其压力波动对液滴破碎过程的影响可以忽略不计。从上述方程中可以看出，对于典型的 $\rho_c \approx 103\mathrm{kg/m^3}$ 的液体，其影响分散相液滴破碎的最小涡的大小取决于连续相液体的黏度和该系统的搅拌强度。

在惯性湍流机制中，分散相液滴的黏度与连续相水的黏度相当，液滴黏性力可以忽略，通过比较连续相的动态压力和液滴毛细压力来估算最大稳定液滴直径，记作 d_{IT}。其中，将式(5-8)代入式(5-7)可以获得连续相的动态压力：

$$\langle \tau(d) \rangle = C_1 C_2 \rho_c (\varepsilon d)^{2/3} \qquad\qquad (5-15)$$

毛细管压力可以表示为：

$$P_c = \frac{4\sigma}{d} \qquad\qquad (5-16)$$

联立式(5-15)、式(5-16)可得 d_{IT} 的表达式：

$$d_{IT} = A_1 \varepsilon^{-2/5} \sigma^{3/5} \rho_c^{-3/5} = A_1 d_I \qquad\qquad (5-17)$$

在黏性湍流机制中，分散相液滴是否发生破碎由黏性应力决定，破碎发生在连续相的最小湍流涡内。黏性应力 τ_c 可表示为：

$$\tau_c = \mu_c \frac{\mathrm{d}U_{\lambda_0}}{\mathrm{d}x} \sim \mu_c \frac{(\mu_c \varepsilon / \rho_c)^{1/4}}{\lambda_0} \sim (\varepsilon \rho_c \mu_c)^{1/2} \qquad\qquad (5-18)$$

联立式(5-16)和式(5-18)，最大液滴尺寸 d_{VT} 可写为：

$$d_{VT} = A_2 \varepsilon^{-1/2} \mu_c^{-1/2} \rho_c^{-1/2} \sigma \qquad\qquad (5-19)$$

由式(5-19)可以看出，在黏性湍流机制中，最大液滴尺寸 d_{VT} 的大小取决于连续相黏度 μ_c，而在惯性机制中，这种依赖性可以忽略不计。

在式(5-17)和式(5-19)中，并未明确考虑分散相黏度的影响，因此仅适用于低分散相黏度的情形。对于上述情况，式(5-17)由 Sprow 进行实验验证，并在随后的几项研究中进一步修改。而在具有较高分散相黏度系统的研究中，Davies 和 Calabrese 等人对 Kolmogorov – Hinze 理论进行了补充和完善。

Davies 在研究中，将分散相液滴变形中的黏性应力 $\tau_d \sim [\mu_d \langle u^2(d) \rangle^{1/2}]/d$ 加入总应力平衡表达式中：

$$\langle \tau(d) \rangle \approx P_c + \tau_d \qquad (5-20)$$

在该表达式中，考虑到已知关系式 $\langle u^2(d) \rangle = C_2 (\varepsilon d)^{2/3}$，可以得到 $\tau_d \approx C_2^{1/2} (\mu_d \varepsilon^{1/3} d^{1/3})/d$。因此，上述应力平衡表达式可写为具有黏度 μ_d 稳定牛顿液滴的最大粒径的超越方程：

$$C_1 C_2 \rho_c (\varepsilon d)^{2/3} = \frac{4\sigma}{d} + \frac{C_2^{1/2} \mu_d (\varepsilon d)^{1/3}}{d} \qquad (5-21)$$

上述方程可改写成：

$$d = \left(\frac{4}{C_1 C_2} \right)^{3/5} \left(1 + C_2^{1/2} \frac{\mu_d \varepsilon^{1/3} d^{1/3}}{4\sigma} \right)^{3/5} \sigma^{3/5} \rho_c^{-3/5} \varepsilon^{-2/5} = A_3 \left(1 + A_4 \frac{\mu_d \varepsilon^{1/3} d^{1/3}}{\sigma} \right)^{3/5} d_I$$

$$(5-22)$$

式（5-22）是在假设连续相和分散相的质量密度相似，即 $\rho_d \approx \rho_c$ 的情况下得出的。$\dfrac{\mu_d \varepsilon^{1/3} d^{1/3}}{\sigma}$ 表示由黏性引起的能量耗散。当分散相液滴的黏度趋近于 0 时，由黏性引起的能量耗散可忽略不计，此时式（5-22）可简化为式（5-17）；相应地，式（5-21）中 A_3 的值与式（5-17）中 A_1 的值相等，适用于低黏度分散相。

2. 从能量平衡角度的推导

在 Davies 的研究中，仅考虑了分散相液滴黏度的影响，并未将分散相与连续相的密度差考虑进去。Calabrese 等人在考虑连续相与分散相液滴密度差的基础之上，从能量平衡的角度对最大稳定液滴粒径进行了分析推导。

Calabrese 在研究中指出，在分散相浓度较低的分散体系中，分散相液滴之间的距离较自身尺寸而言较大，对连续相的作用可以忽略不计，只考虑连续相对分散相的作用，连续相的湍动能起到增加分散相液滴表面积和克服液滴内部黏性阻力的作用。分散相液滴具有由表面能 E_s 和黏性能 E_v，分别如式（5-23）和式（5-24）所示。而由于连续相湍流的影响，抵抗这种破坏性的能量 E_T 可以写为式（5-26）。当破坏性能量等于分散相液滴的内聚能时，产生最大稳定的液滴，这种动态平衡状态为 $E_T = E_s + E_v$。

其中，分散相液滴的表面能 E_s 可以表示为：

$$E_s = \pi d^2 \sigma \qquad (5-23)$$

分散相液滴内部的黏性能量 E_v 可以表示为：

$$E_v = \frac{1}{6} \pi d^3 \tau_d \qquad (5-24)$$

其中，液滴黏性应力 τ_d 可以根据 Hinze 的经验公式计算：

$$\tau_d = C_3 \mu_d \frac{\sqrt{\tau_c / \rho_d}}{d} \tag{5-25}$$

连续相的湍动能 E_T 可以表示为：

$$E_T = \frac{1}{6} \pi d^3 \tau_c \tag{5-26}$$

其中，液滴表面单位面积的应力 τ_c 可以通过能量谱函数 $E(k)$ 来描述，表达式可以写为：

$$\tau_c = \rho_c \int_{1/d}^{\infty} E(k) \, dk \tag{5-27}$$

Shinnar 认为，在湍流搅拌罐中最大稳定液滴尺寸与微尺度湍流相比较大，但与宏观尺度相比较小，故在最大稳定液滴尺寸在惯性子区内，此时 $E(k)$ 可以根据下式计算：

$$E(k) = C_k \varepsilon^{2/3} k^{-5/3} \tag{5-28}$$

假设叶轮搅拌区域中每单位质量的局部平均能量耗散率与几何常数相关即 $\varepsilon = C_4 \bar{\varepsilon}$。对于雷诺数 $Re > 10^4$ 的带挡板的圆柱形搅拌罐系统，Rushton 等给出经验公式，形式如下：

$$\bar{\varepsilon} = C_5 N^3 L^2 \tag{5-29}$$

将式(5-28)~式(5-30)代入式(5-27)，将式(5-26)代入式(5-24)，并与式(5-23)联立可以得到：

$$\frac{\rho_c \, \varepsilon^{-2/3} d_{max}^{5/3}}{\sigma} = C_6 \left[1 + C_7 \left(\frac{\rho_c}{\rho_d} \right)^{1/2} \frac{\mu_d \, \varepsilon^{-1/3} d_{max}^{1/3}}{\sigma} \right] \tag{5-30}$$

考虑极限情况，界面张力起维持液滴形状的主导作用，即分散相液滴的表面能 E_s 应远远大于分散相液滴内部的黏性能 E_v。式(5-30)可以简化为：

$$d_{max} = C_8 \frac{\sigma^{3/5}}{\rho_c^{3/5} \varepsilon^{-2/5}} \tag{5-31}$$

考虑另一种极限情况，分散相黏度起维持液滴形状的主导作用，即分散相液滴内部的黏性能 E_v 应远远大于分散相液滴的表面能 E_s。此时式(5-31)可以简化为：

$$d_{max} = C_9 (\rho_c \rho_d)^{-3/8} \mu_d^{3/4} \varepsilon^{-1/4} \tag{5-32}$$

3. 从液滴破碎所需时间角度的推导

Lagisetty 等发现，当黏性液滴在湍流场中发生变形时，由内部流动所引起的黏性应力将与界面张力同时起作用，以抵抗液滴相对于由湍流压力波动引起的外部惯性应力的变形，当变形幅度为液滴直径的量级时，液滴发生破裂。根据 Voigt 模型，液滴直径上的动态压力 τ 应等于液滴的弹性应力 τ_s 与黏性应力 τ_v 之和，当受力平衡时，有 $\tau = \tau_s + \tau_v$。

当液滴受到较小的应变时，界面张力产生与应变成比例的恢复应力。然而，随着液滴进一步变形并接近破碎状态，其形状近似哑铃形，在破碎点附近，表面张力没有恢复效果。因此，界面张力作用实际是为液滴提供恢复力，该恢复力随着液滴发生微小变形而不断增加，但随后减小并且在破碎点处达到零值。假设液滴到破裂点产生的总变形与液滴直径 d 有着相同的数量级，则弹性应力 τ_s 与弹性应变 θ_s 之间应满足如下关系式：当 $\theta_s < 1$ 时，两者之间的关系满足 $\tau_s = \dfrac{\sigma}{d}\theta_s(1-\theta_s)$；当 $\theta_s \geqslant 1$ 时，$\tau_s = 0$。黏性应力的本构方程 τ_v 可以写为 $\tau_v = \tau_0 + K\left(\dfrac{\mathrm{d}\theta_v}{\mathrm{d}t}\right)^n$。

液滴在发生破裂时，内部的流动是十分复杂的。在模型中，假设内部的流动是简单的剪切流，联立动态压力 τ、弹性应力 τ_s 和黏性应力 τ_v，在 $\theta < 1$ 的条件下可得：

$$\tau - \tau_0 = \frac{\sigma}{d}\theta(1-\theta) + K\left(\frac{\mathrm{d}\theta_v}{\mathrm{d}t}\right)^n \tag{5-33}$$

设 τ 的平均值为 $\bar{\tau}$，涡流的平均寿命为 $\bar{T}$，这些平均值的表达式已由 Hinze 和 Coulaloglou 和 Tavlarides 给出：

$$\tau \propto \rho_c \overline{u^2(d)} \tag{5-34}$$

$$\bar{T} \approx \frac{d}{\sqrt{u^2(d)}} \tag{5-35}$$

式中，$\overline{u^2(d)}$ 表示在与液滴直径相同距离内的均方速度波动，该值与湍流耗散率 ε 的关系也由 Coulaloglou 和 Tavlarides 在 1977 年的研究中给出：

$$\varepsilon = 0.407N^3L^2 \tag{5-36}$$

$$\overline{u^2(d)} = 1.88\varepsilon^{2/3}d^{2/3} \tag{5-37}$$

因此，$\bar{\tau}$ 可以被表示为：

$$\bar{\tau} = C_{10}\rho_c N^2 L^{4/3} d^{2/3} \tag{5-38}$$

式中，C_{10} 为常数，仅取决于搅拌罐和叶轮的形状。涡流的平均寿命可以由下式计算：

$$\bar{T} = \frac{d^{2/3}}{NL^{2/3}} \tag{5-39}$$

分散相液滴在受到涡流影响之后，在时间$\overline{T}$内受到平均应力$\overline{\tau}$的影响，即当$t < 0$时，$\tau = 0$；当$0 < t < \overline{T}$时，$\tau = \overline{\tau}$。

将式(5-34)~式(5-39)代入式(5-33)，可以得到：

$$C_{10}\rho_c N^2 L^{4/3} d^{2/3} - \tau_0 = \frac{\sigma}{d}(1 - \theta)\theta + K\left(\frac{\mathrm{d}\theta}{\mathrm{d}t}\right)^n \qquad (5-40)$$

为表示方便，我们以无量纲的形式来表示式(5-40)，得：

$$\left(\frac{\mathrm{d}\theta}{\mathrm{d}\eta}\right)^n = C_{11}We\left(\frac{d}{L}\right)^{5/3} - \frac{\tau_0 d}{\sigma} - (\theta - \theta^2) \qquad (5-41)$$

式中，η为无量纲时间，其表达式为：

$$\eta = \left(\frac{\sigma}{dK}\right)^{1/n} t \qquad (5-42)$$

液滴仅在涡流的平均寿命$\overline{T}$内受到平均应力$\overline{\tau}$的影响，而在这段时间之后，涡流的能量将全部耗散并且液滴所受到的外部应力将变为零。如果在时间间隔$\overline{T}$结束时θ的值仍小于1，那么界面张力仍将具有一定的恢复力使得液滴恢复到初始状态。因此，若要保证液滴发生破碎，则应该在时间间隔$\overline{T}$期间的某个点达到$\theta = 1$。达到$\theta = 1$所需的时间可以通过给定初始条件，积分方程式(5-41)来得到。计算中给定的初始条件为：当$\eta = 0$时，$\theta = 0$。

根据该初始条件，积分得到的方程可写为：

$$\frac{\mathrm{d}\theta}{\left[(\theta - 1/2)^2 + \alpha\right]^{1/n}} = \mathrm{d}\eta \qquad (5-43)$$

式中，$\alpha = C_{12}We\left(\dfrac{d}{L}\right)^{5/3} - \dfrac{\tau_0 d}{\sigma} - \dfrac{1}{4}$。

当$\alpha < 0$时，液滴在时间T内不会发生破碎；而当$\alpha > 0$时，θ可以在有限时间内达到1。因此，为了预测最大液滴直径，只需要考虑$\alpha > 0$的情况。

在$\theta = 1$处，如果达到对应于破裂的变形所需的无量纲时间大于涡流的无量纲寿命，则液滴不会发生破裂。因此，液滴发生破裂需满足以下条件：

$$\eta(\theta = 1) < \left(\frac{\sigma}{dK}\right)^{1/n}\overline{T} \qquad (5-44)$$

$\eta(\theta = 1)$随着液滴直径d的增加而减小，因此最大稳定的液滴直径为：

$$\eta(\theta = 1) = \left(\frac{\sigma}{d_{max}K}\right)^{1/n}\overline{T} \qquad (5-45)$$

将$\overline{T}$用式(5-39)表示，$\eta(\theta = 1)$经化简可得：

$$\eta(\theta = 1) = \left(\frac{Re}{We}\right)^{1/n}\left(\frac{d}{L}\right)^{(2/3 - 1/n)}\left(3 + \frac{1}{n}\right)2^{(1-3/n)} \qquad (5-46)$$

Lagisetty 在研究中通过整理在不同分散相黏度不同转速下分散液滴的最大稳定粒径的实验数据，确定了式(5-41)中常数 C_{11} 的值为 8.0。在低分散相黏度下，C_{11} 仅取决于容器和搅拌器的几何形状，当分散相黏度达到 20mPa·s 以上时，黏度对最大稳定液滴直径的影响才开始变得显著。即当分散相黏度很低时，关系式为式(5-47)，Sprow 和 Arai 等人的研究结果也与该模型一致。

$$\frac{d_{max}}{L} = 0.125 We^{-0.6} \tag{5-47}$$

Coulaloglou 和 Tavlarides 在 1977 年的研究中提出，$\overline{u^2(d)}$ 随分散相体积分数 ϕ 的变化而变化，并给出修正式：

$$\overline{[u^2(d)]}_{\phi=\phi} = (1+\alpha_2\phi)^{-2.0} \overline{[u^2(d)]'}_{\phi=0} \tag{5-48}$$

其中，α_2 为数值常数。使用该修正式所表达的牛顿流体在低黏度极限下的最大液滴尺寸为：

$$\frac{d_{max}}{L} = 0.125 (1+\alpha_2\phi)^{1.2} We^{-0.6} \tag{5-49}$$

在许多文献中，液滴粒径是以 d_{32} 进行描述的，Coulaloglou 和 Tavlarides 等学者给出了换算公式，即 $d_{max} = 1.5 d_{32}$。因此，式(5-49)又可以用 d_{32} 进行表示：

$$\frac{d_{32}}{L} = 0.083 (1+\alpha_2\phi)^{1.2} We^{-0.6} \tag{5-50}$$

式中，$\alpha_2 = 4.0$。

该模型不仅适用于非牛顿流体，Lagisetty 等人也用实验验证了该模型在非牛顿流体中的适用性，实验采用 2.5% 的 CMC 溶液，并加入 PVA，得到 $n=2/3$ 的假塑性流体溶液；另外，在 $CaCO_3$ 悬浮液中加入 PVA，得到宾汉流体。将实验结果与前述模型计算结果相对比，发现具有较好的预测结果，即该模型对非牛顿流体也具有较好的适用性。

三、搅拌装置中液滴破碎理论

在液-液两相结构体系中，投入研究最多的而且发展比较成熟的是搅拌器中两相系统体系分散相液滴的破碎处理问题。当分散在连续相时，不混溶且乳化液滴破碎和聚合同时发生。经过一段时间后达到平衡，此时存在着能够经受外力作用而不再破碎或聚合的最大液滴。当分散相的浓度非常低，则聚合可以在此时被认为对最终液滴尺寸分布几乎没有影响，只有在破碎过程中，在分散相中的液滴的最大直径是最大的稳定颗粒。

Taylor 研究了黏性力引起的液滴破碎，认为最大稳定粒径可表示为：

$$d_{max} \propto \sigma / \tau \qquad (5-51)$$

式中，σ 为表面张力，N/m；τ 为剪切应力分量，N。

Hinze 研究了惯性力控制的液滴破碎。根据分析，最大稳定粒径可为函数 $d_{max} = f(\sigma, \rho, \varepsilon)$ 的形式，其关系式如下：

$$d_{max} \propto \sigma^{3/5} \rho^{-3/5} \varepsilon^{-2/5} \qquad (5-52)$$

式中，ρ 为液体的密度，ks/m³；ε 为耗散强度，m²/s³。

Sprow 认为，以上两种情形都有可能发生在搅拌容器中，其主要取决于液滴的直径的大小。他考虑了湍流涡大小 L_E 控制的区域，假定湍流涡大小与 Kolmogomff 长度 $\eta = \nu^{3/4} / \varepsilon^{1/4}$ 相等（ν 是连续相的动力黏度）。

在搅拌容器中有：

$$\varepsilon \propto N^3 D^2 \qquad (5-53)$$

式中，N 为搅拌速度，s⁻¹；D 为搅拌桨直径，m。

Sprow 认为，如果 $d_{max} < L_E$，那么黏性力将起主要作用。此时，剪切应力：

$$\tau \propto (\rho \mu_c \varepsilon)^{1/2} \qquad (5-54)$$

式中，μ_c 为连续相黏度。

根据式（5-51），可得最大液滴直径：

$$d_{max} \propto \sigma / \tau = \sigma / (\rho \mu_c \varepsilon)^{1/2} \qquad (5-55)$$

将式（5-54）代入上式中，得：

$$d_{max} \propto \frac{\sigma}{(\sigma \mu_c)^{1/2} N^{3/2} D} \qquad (5-56)$$

实验结果表明，大多数液滴尺寸并不满足式（5-56）。Sprow 认为，这是由于湍流尺寸比液滴直径小的缘故，即 $d_{max} > L_E$。在这种条件下，惯性力对这个过程起主要作用，根据式（5-52）、式（5-53），有：

$$d_{max} = K \frac{\sigma^{3/5}}{\rho^{3/5} N^{6/5} D^{4/5}} \qquad (5-57)$$

比例系数 K 为 0.04 ~ 0.08，主要取决于 d_{max} 的定义以及对它进行测试的手段。

Kolmogomf 和 Hinze 又以能量守恒的角度推导出了最大液滴直径的关系式。他们的基本假设是：如果粒子振动的动能满足液滴破碎所需的表面能，就会使液滴变为不稳定。此时液滴的 We 数有一临界值：

$$We_{crit} = C\rho_c u^2(d)d^3/\sigma d^2 \qquad (5-58)$$

式中，ρ_c 为连续相的密度；u^2 为在具有与液滴直径 d 尺寸相当的涡流中，波动速度平方的平均；d 为液滴直径。

对于局部各向同性湍流，当 $d \gg \eta$ 时，有：

$$u^2(d) = C_1 \varepsilon^{2/3} d^{2/3} \qquad (5-59)$$

式中，C 为常数。

由式(5-58)和式(5-59)可得：

$$We_{crit} = (c'_1 \rho_c \varepsilon^{2/3} d_{max}^{5/3})/\sigma = \mathrm{const.} \qquad (5-60)$$

因此，当 $d \gg \eta$ 时，有：

$$d_{max} = C_2 (\sigma/\rho_c)^{3/5} \varepsilon^{-2/5} \qquad (5-61)$$

式中，C_2 为常数。

对于搅拌器，Rushton 等人通过实验研究，认为：

$$\varepsilon = C_3 N^3 D^2 \qquad (5-62)$$

式中，C_3 为常数，取决于容器和搅拌器的几何尺寸。

利用式(5-61)、式(5-62)，Shinnar 得到在湍流的搅拌器中有：

$$d_{max} = C_4 (\sigma/\rho_c)^{3/5} N^{-6/5} D^{-4/5} \qquad (5-63)$$

式中，C_4 为常数。

式(5-63)与式(5-57)相同，即 Sprow 研究的结果与 Kolmogomf、Hinze、Shinna 的研究结果相同。上式可简化为：

$$d_{max} = C_4 D \left(\frac{\rho_c N^2 D^3}{\sigma} \right)^{-3/5} = C_4 D (We)^{-0.6} \qquad (5-64)$$

$$d_{max}/D = C_4 (We)^{-0.6} \qquad (5-65)$$

四、湍流场中液滴破碎模型

湍流场中液滴破碎研究的开创者为 Kolmogorov 和 Hinze，他们通过分析湍流动态压力和表面张力之间的受力平衡，提出了液滴破碎的临界判据 We 和液滴不破碎的最大稳定直径模型。尽管这种方法对于稳定流卓有成效，但其忽略了液滴非定常扰动的力学响应，也没有给出破碎程度及破碎后液滴的直径分布，这些成果对工程应用的参考价值较低。随后，研究工作围绕破碎频率理论模型展开，这些模型在 CFD – PBM(群体平衡模型)模拟中获得了一些有益的成果。Luo 等和 Lehr 等基于轰击涡频率建立了破碎频率和子液滴尺寸分布的整合模型，成为应用最为广泛的液滴破碎模型之一。Xing 等和 Zhang 等研究发现，Luo 和 Lehr 模型中积分上限的最大取值存在问题，在 Luo 模型的基础上考虑液滴破碎时液滴之间液桥内的流动修正了液滴破碎的模型。Andersson 等也指出，基于能量守恒的理论模型对引起破碎的涡尺寸的选择非常敏感，虽然接近气泡尺寸的湍流涡是破碎的主因，但仅考虑小于/等于气泡尺寸的湍流涡是不合理的。以上这些研究主要关注破碎结果，而对变形本身的动力学研究不足。Risso 提出液滴变形的动态相应的重要性；Lalanne 等在前人基础上研究了液滴非线性振荡特性，认为线性模型可以描述非均匀湍流中液滴变形的动力学主要特征，并基于液滴变形的线性阻尼振荡模型，建立了基于湍流能谱的液滴和气泡破碎模型，但并未进行模型性能及适用性分析，且建模所采用的流场湍流强度较弱与分离设备差异较大，对分离设备的设计优化的参考价值较弱。

五、复杂流场条件下液滴破碎

液滴的破碎机制具有显著的多样性，根据破坏力主要可分为以下 3 种机制：①液滴在湍流压力波动作用下发生变形破碎，属于湍流主导的破碎过程，此时液滴尺寸在湍流的惯性子区间内；②液滴周围的速度梯度产生的黏性剪切力，可能由湍流剪切或层流剪切控制，此时液滴尺寸小于 Kolmogorov 尺度；③由于两相加速或减速运动时产生滑移速度而引起的破碎。在复杂流场条件下，不同的破碎机制相对独立，可能同时存在，借助临界液滴尺寸或特征时间尺度可以预测液滴破碎的主导因素。由于不同设备内流场结构和湍流强度差异较大，针对不同多相混合/分离设备，研究者们展开了大量的研究工作。①静态混合器：Vankova 等采用平均尺度(流场中最大湍动能耗散率位置处的平均值)建立静态混合器内湍流与液滴尺寸之间的关系，在该工况下预测效果较好。②旋流分离器：旋流场中的液滴破碎研究大多针对液滴破碎影响因素的定性规律展开研究，但旋流场内流场复杂且极不均匀，研究难度较大，至今仍未有针对性的液滴破碎模型和机制的相关研究。③管道：研究者主要针对管流中的气泡破碎展开研究，在不同的气液两相物性、含气量和流速条件下建立了许多液滴不发生破碎的最大稳定直径模型，其中，Maniero 等采用液滴变形的线性阻尼振荡模型研究了欧拉 - 拉格朗日框架下的液滴破碎的数值方法，通过 DNS(直接模拟)获得湍流速度脉动的功率谱密度，取得了较好的预测效果。④搅拌器：针对搅拌器中液滴破碎研究最为充分，Kumar 等认为液滴振荡是两阶段模型，搅拌桨附近是发生变形破碎的主要区域，而搅拌桨之外区域受到液滴弛豫时间的影响。而 Maaβ 等认为，搅拌桨之外区域是黏性力作用的液滴伸长区，并基于现有破碎时间模型的分析，采用单液滴模拟的方法建立了考虑液滴伸长机制的液滴破碎频率模型。Nachtigall 等考虑液滴变形动力学，提出了大尺度变形的原因是出现细丝状液滴，但并未给出具体量化标准。

六、液滴尺寸分布模型

在一个稳定的分散体系中，液滴的直径也不是均匀分布的，仅采用一个粒径参数(例如平均直径、Sauter 粒径等)无法全面表征其分布状态，必须结合其他的参数构建出合适的数学表达式来对该分散体系中的液滴粒径分布进行描述。到目前为止，还没有学者能从理论上提出一个合适的机理模型来描述稳定液－液分散体系中液滴粒径的分布规律，因此，需要采用合适的概率密度函数来描述液滴群的分布情况。目前，常用的液滴尺寸分布模型有 Normal 分布、Log－Normal 分布、上限对数正态分布(upper limit log－normal distribution，ULLN)以及 Frechet 分布。这 4 种模型均为概率统计分布函数，即表征的是在该分散体系中，不同尺寸的液滴分布概率的大小。4 种分布概率函数如下：

Normal 分布：

$$f(d) = \frac{1}{\sigma_f \sqrt{2\pi}} \exp\left[-\frac{1}{2}\left(\frac{d - \mu_f}{\sigma_f}\right)^2 \right] \qquad (5-66)$$

Log－Normal 分布：

$$f(d) = \frac{1}{d\sigma_f \sqrt{2\pi}} \exp\left[-\frac{1}{2}\left(\frac{\ln d - \mu_f}{\sigma_f}\right)^2 \right] \qquad (5-67)$$

Upper limit Log－Normal 分布：

$$f(d) = 1 - \frac{1}{2}\left\{ 1 - \mathrm{erf}\left\{ \frac{0.394}{\lg\left[\frac{d_{90}/(d_{max}-d_{90})}{d_{10}/(d_{max}-d_{10})}\right]} \ln\left[\frac{(d_{max}-d_{50})d}{d_{50}(d_{max}-d)}\right]\right\}\right\} \qquad (5-68)$$

Frechet 分布：

$$f(d) = \frac{\xi}{\zeta}\left(\frac{\zeta}{d}\right)^{\alpha+1} \mathrm{e}^{-\left(\frac{\zeta}{d}\right)^{\xi}} \qquad (5-69)$$

通过最大似然估计的方法，可以求得：

$$\zeta^{\xi} = \frac{n}{\sum_{i=1}^{n}\frac{1}{d_i^{\xi}}} \qquad (5-70)$$

$$\frac{n}{\xi} + n\ln\zeta - \sum_{i=1}^{n} \ln d_i - \sum_{i=1}^{n} \left(\frac{\zeta}{d_i}\right)^{\xi} \ln\left(\frac{\zeta}{d_i}\right) = 0 \qquad (5-71)$$

吕宇玲等在研究中采用高速摄像与光学显微镜相结合的实验方法，测量了油水两相分散流的液滴粒径，对油水分散体系中的液滴粒径分布进行了统计分析并与 Normal 分布、Log – Normal 分布以及 Frechet 分布 3 种粒径分布密度函数进行了对比。从液滴尺寸分布图中可以看出，小粒径液滴占的比重较大，对液滴群的平均粒径值的贡献较大；而大粒径液滴所占比重较小，对液滴群的平均粒径值的贡献也相应较小。采用上述 3 种分布概率函数对实验中油水两相分散流的液滴粒径进行对比，结果表明，液滴粒径的分布规律与 Log – Normal 分布和 Frechet 分布函数的符合程度较高。

许多学者在研究过程中考虑液滴破碎的过程，对液滴破碎后形成的子液滴的尺寸进行了分析研究。在以往的研究中，多采用统计学方法和现象学方法对子液滴的分布进行描述。用上述方法建立起的模型同样也都是以概率密度分布函数形式给出的。

1. 统计学模型

在目前的研究中，学者们给出的统计学模型都是以某一种统计学的分布特征为基础，假定子液滴尺寸满足该分布特征，进而给出子液滴尺寸的概率密度分布函数 β。常用的分布函数如表 5 – 1 所示。

表 5 – 1　常用的液滴尺寸分布函数

分布特征	概率密度分布模型	备注
离散型分布	$\beta(V_{d_o},\ V_{d_i})V_{d_o} = \delta\left(V_{d_i} - \frac{V_{d_o}}{2}\right)$	$\delta(x)$ 为狄拉克函数
高斯分布	$\beta = \dfrac{1}{\sigma_V \sqrt{2\pi}} \exp\left(-\dfrac{V_{d_i} - \overline{V_{d_i}}}{2\sigma_V^2}\right)$	平均子液滴尺寸 $\overline{V_{d_i}} = V_{d_o}/\nu$
β 型分布	$\beta(V_{d_o},\ V_{d_i})V_{d_o} = \dfrac{\Gamma(a+b)}{\Gamma(a)\Gamma(b)}(V_{d_i}^*)$	a、b 为待定参数。对于二元破裂，$a = b = 2$
随机型分布	$\beta = \left[\dfrac{1}{\dfrac{V_{d_i}}{V_{d_o}} + e} + \dfrac{1}{1 - \dfrac{V_{d_i}}{V_{d_o}} + e} - \dfrac{2}{e + 1/2}\right]\dfrac{c}{V_{d_o}}$	c 为常数，e 为经验参数

2. 现象学模型

统计学模型是完全建立在统计学理论基础上的，不能反映液滴破碎的实际物理过程，存在一定的局限性。现象学模型则是在统计学理论的基础上，考虑了液滴破碎的物理过程而建立起的子液滴尺寸的概率密度分布模型。

Tsouris 等在研究中指出，液滴破碎函数是液滴涡流碰撞频率和破碎效率的乘积，这能够反映出湍流液－液分散体系中的能量特性。在研究中，将所得的液滴破碎频率函数纳入群体平衡方程，比较模型预测与瞬时破碎液滴尺寸分布，确定模型参数，得到子液滴尺寸分布函数。

第 2 节　液－液两相物性对液滴破碎的影响

液滴破碎除了受动态压力的影响之外，还受到分散相浓度、分散相黏度、分散相密度和连续相密度等两相物性的影响。

一、分散相浓度的影响

在目前所进行的研究当中，对于水为连续相而油为分散相的研究大多所涉及的分散相浓度较低，而在这种分散相浓度较低的体系中，液滴之间碰撞的概率很低。有关于液滴碰撞的影响，Park 早在 1975 年的研究中就已经指出，液滴之间的碰撞对于这种化学平衡系统来说效率极低，而且即使液滴之间发生碰撞，最多也只有 10% 的碰撞能够导致液滴之间的聚结。因此，在较低浓度的分散相体系中，分散相液滴的浓度的变化对液滴稳定粒径的影响不大。在之后的研究中，Narsimhan 等、Calabrese 等、Wang 和 Calabrese、Sathyagal 等学者也在自己的研究中表示在稀分散系统中，可以忽略液滴之间相互作用而引起的液滴分散尺寸的变化。

随着研究的不断深入，一些学者认为低浓度下的液－液分散体系中，分散相浓度基本对分散相尺寸没有影响的原因是低浓度下湍流被抑制。Farrar 等研究表明，在混合速度不变的条件下，离散相浓度在临界浓度 5% 以上的范围内增加，湍流强度增加了 10 倍以上；在临界浓度以上，液滴尺寸与离散相浓度关系密切。从气－固和气－液流实验的相关文献中可知，根据颗粒大小，湍流被增强或抑制仍然存在争议。Gore 等发现气－固流动中离散相对湍流的影响取决于液滴尺寸与湍流尺度的比值，当比值大于 0.07 时，湍流强度明显增加。相反，Azzopardi 等在环状气－液流动中发现，超过液滴尺寸与湍流尺度的临界比值下的湍流强度比单气相的数值大，可能是因为管壁的液膜界面是粗糙的，从较低速液膜新产生的液滴具有较低的初速度。这些液滴具有足够大的雷诺数 $[Re_d = \rho_g (u_g - u_d) d / \mu_g]$，从而通过涡的形式产生额外湍流。液－液分散体系由于没有液膜产生，被认为更接近气－固流动，而不是环状气－液流动。因此，当液滴尺寸与湍流尺度的比值大于 0.07 时，湍流强度会比单相流动明显增强，从而稀分散相浓度的最大液滴直径理论的预测值将高于实验中液滴尺寸。

Hinze 考虑的分散相浓度较低，但分散相浓度较大时，其对液滴尺寸分布的影响就显现出来。Farrar 认为，当含油浓度小于 5% 时，液滴的聚结作用可以忽略。而 Lemenand 认为，含油浓度小于 15% 时，液滴的聚结作用可以忽略。

分散相的黏度也会影响液滴直径分布。Davis 在 Hinze 模型基础上，考虑了分散相黏度的影响，扩展了 Hinze 模型，其最大稳定粒径见式（5－72）。

$$\frac{\rho_c \varepsilon^{2/3} d_{\text{crit}}^{5/3}}{\sigma} = C_{D1} \left[1 + C_{D2} \frac{\mu_d \left(\varepsilon d_{\text{crit}}\right)^{1/3}}{\sigma} \right]^{3/5} \tag{5-72}$$

随后，Brauner 进一步拓展了分散相浓度，研究了稠乳状液体系中液滴最大稳定直径模型。他从能量平衡的角度出发，当连续相中湍动能量大于表面能量时，则液滴发生破碎，再采用混合速度得到管道中的油滴最大粒径尺寸的 H 模型，其表达式如下：

$$\left(\frac{d_{\text{max}}}{D}\right)_o = 1.88 We_{\text{crit}}^{-0.6} Re_{\text{crit}}^{0.08} \tag{5-73}$$

$$\bar{d}_{\text{max}\phi} = 7.61 \bar{C}_H We_{\text{crit}}^{-0.6} Re_{\text{crit}}^{0.08} \left(\frac{\phi_d}{1 - \phi_d}\right)^{0.06} \left(1 + \frac{\rho_d}{\rho_c} \frac{\phi_d}{1 - \phi_d}\right)^{-0.4} \tag{5-74}$$

在稀乳状液体系中，$d_{\text{max}\phi} < d_{\text{maxo}}$；在稠乳状液体系中，$d_{\text{max}\phi} > d_{\text{maxo}}$。这样 Brauner 给出了考虑离散相浓度的最大稳定尺寸的方程，如式（5－75）所示。

$$\bar{d}_{\text{max}} = \max(\bar{d}_{\text{maxo}} \bar{d}_{\text{max}\phi}) \tag{5-75}$$

此外，随着分散相浓度的不断提高，湍流场中液滴的聚并必须加以考虑，PBE（population balance equation）模型在过去几十年中得到了广泛和成功的应用（Valentas 等；Coulaloglou 等；Ramkrishna），该模型能够描述分散相液滴之间的破碎和聚结作用。Tsouris 等在 1994 年基于现象学方法提出了破裂破碎和聚结模型来描述湍流分散体中的液滴破碎和聚结过程，在研究中将模型预测与瞬态液滴尺寸分布进行比较来确定模型参数。但通过与实验测试数据的比较，该模型的计算结果与实验数据的吻合度不够，还需要进一步修正。Schutz 和 Li 等都采用群体平衡方法考虑了旋流器内流动和分离过程中液滴破碎与聚结作用，且均与实验吻合较好。

二、分散相黏性的影响

在前人的研究中，毫无争议的一点就是，在其他条件相同的情况下，分散相黏度越大，分散相液滴稳定粒径越大，即分散相液滴的黏度对液滴变形破碎具有抵抗力。Liu 的研究发现，随着分散相黏度的增加，其最大液滴尺寸增大，但最小液滴尺寸减小，其粒径分布的范围变宽；在较低的分散相黏度下，Sauter 平均直径和最大稳定粒径均随黏度增加而增大，而在较高的分散相黏度下，Sauter 平均直径不断减小，最大稳定粒径增加。Padron 和 Hall 等也曾在研究中观察到此现象的发生。针对此现象，可以从应力的角度来解释：对于较高黏度的分散相体系，黏性应力变得比表面力更重要，在抵抗液滴变形中起到关键的作用，并且液滴在破碎之前将被拉伸破碎成大量的小粒径液滴，这些小液滴的贡献在分散相的总表面积中特别重要。根据 Sauter 平均直径的定义，增加的分散相表面积将相应地导致 d_{32} 的减小。

在黏性油的水包油乳状液或低表面张力的液 – 液分散系统中，需要考虑由于液滴黏度引起的附加稳定力，随着 μ_d 的增加，分散相黏度对 d_{max} 的影响不断加剧。根据 Hinze 在 1955 年的研究表明，分散相黏度的作用可以用奥内佐格数 Oh（Ohnesorge）数表征。当 Oh 数不为 0 时，最大稳定液滴粒径模型中的黏性无量纲量都可以表示为 $[1 + F(Oh)]^{0.6}$ 的形式。Davis 在 1985 年的研究中提出 Hinze 的扩展，在 Hinze 研究的基础上加入了分散相的黏度因素，增加了一个黏性力项，并结合临界韦伯数，给出管道中液滴最大稳定粒径，见式（5 – 76）。在这项研究中，Davis 提出了一种新的统一模型，该模型适用于分散相液滴和气泡，用于湍流分散流中的最大流体粒径的预测。

$$We_{crit} = A_3^{5/3} \left[1 + A_4 \frac{\mu_d (\varepsilon d_{max})^{1/3}}{\rho_c} \right] \qquad (5 – 76)$$

许多学者研究了不同 Oh 数下的临界 We 数：Krzeczkowski 在研究中表示，当 Oh 数小于 0.1 时，液滴黏度的影响不显著。Brodkey 研究中提出，当 $Oh < 10$ 时，临界 We 数可以表示为：

$$We_{crit} = We_{crit Oh \to 0}(1 + 0.619 Oh^{1.6}) \qquad (5 – 77)$$

Pilch 也认同上式。而 Gelfand 总结了许多实验数据，提出 $Oh < 4.0$ 时的临界

韦伯数表达式为:

$$We_{\text{crit}} = We_{\text{crit}Oh\to0}(1 + 1.161Oh^{0.74}) \qquad (5-78)$$

Cohen 通过理论分析,从能量守恒的角度出发,总结了临界 We 数如下:

$$We_{\text{crit}} = We_{\text{crit}Oh\to0}(1 + C_{13} \cdot Oh) \qquad (5-79)$$

该式在形式上与 Brodkey 和 Gelfand 的研究是一致的,这也就保证了理论公式与实验所得经验公式的一致性。Marek 研究了喷管中数值模拟常用的 TAB 模型,提出了一个包含分散相 We、Oh 数和密度比的准则,在提出准则前对临界韦伯数进行了简单的回顾,在 Oh 数小于 0.01 时,黏性力对 We 数作用很小,但 Oh 数较大时,黏性力对 We 数的作用还不清晰。

除此之外,Hesketh 等研究了水平管道湍流流场中气泡与液滴尺寸,并在用于预测湍流场中的气泡和液滴尺寸的一般等式的基础上加入了分散相黏度变量,得到扩展后的湍流场中气泡和液滴尺寸的表达式:

$$d_{32} = C_{14}\left(\frac{We'_{\text{crit}}}{2}\right)^{0.6}\left[\frac{\sigma^{0.6}}{(\rho_c^2\rho_d)^{0.2}}\right]\varepsilon^{-0.4}(1 + BN_{\text{vi}})^{0.6} \qquad (5-80)$$

式中,$N_{\text{vi}} = \left[\dfrac{\mu_d\,(\varepsilon d_{32})^{1/3}}{\sigma}\right]\left(\dfrac{\rho_c}{\rho_d}\right)^{1/2}$;搅动容器中 $B = 1.1$,静止容器中 $B = 1.5$。

三、分散相密度/密度比的影响

在之前的研究中,实验多集中在气-液分散体系中分散相的破碎研究,此时的气相密度与液相密度之比通常小于 0.002。对于液-液分散体系,Gelfand 回顾了之前进行的实验研究,发现了当分散相密度接近连续相密度时,临界韦伯数 We_c 会增加。Han 研究了两相的密度比在 0.01 到 1.0 范围内的情况,采用直接模拟的方式证实了这个观点;Aalburg 等对密度比在 0.004 和 0.5 之间的两相系统展开研究,发现当分散相与连续相的密度比小于 0.03 时,密度比对临界韦伯数 We_c 的作用很小。Lee 等的实验也得出了相似的结论。Tarnogrodzki 的理论分析也发现密度比的作用并不显著。Han 通过直接模拟的研究,发现密度比在另外一些应用条件下非常重要,如密度比在 0.02 ~ 0.03 的柴油发动机或密度比接近 1 的火箭发动机中。因此,密度对液滴稳定性的研究应针对具体的应用条件通过实验来进一步分析。

现有实验研究多集中在气-液分散体系中分散相的破碎研究,其气-液相密度之比较小,而液-液分散体系的密度比较大,与气-液分散系统存在较大差异，代表性的研究成果有：Gelfand 发现当分散相密度接近连续相密度时，临界韦伯数 We_{crit} 会增加；Han 采用两相密度比在 0.01 到 1.0 范围内，通过直接模拟证实了这个观点；Aalburg 等人在密度比为 0.004 和 0.5 之间展开研究，发现密度比小于 0.03 时密度比对临界韦伯数 We_c 的作用很小；Lee 的实验也得出了相似的结论。但 Tarnogrodzki 的理论分析却发现密度比的作用并不显著。Calabrese 考虑了连续相与离散相的密度比，提出了新的液滴最大稳定直径与湍动能耗散率的关系，见式(5-81)。

$$\frac{\rho_c \varepsilon^{2/3} d_{crit}^{5/3}}{\sigma} = C_c \left[1 + \left(\frac{\rho_c}{\rho_d} \right)^{1/2} \frac{\mu_d (\varepsilon d_{crit})^{1/3}}{\sigma} \right]^{3/5} \tag{5-81}$$

四、分散相界面张力的影响

许多学者认为，湍流中液滴的破裂过程主要取决于液滴内部的黏性力、界面张力和湍流外力的大小关系。液滴的破裂过程是在外力作用下瞬间完成的，在这个瞬时过程中，分散相液滴的黏性力还来不及发挥阻止液滴破裂的作用，因此黏性力对液滴的破裂作用可以忽略不计。而 Davis 在研究中表示，液滴的表面张力与黏性力一起发挥作用，阻止液滴发生变形和破裂，即分散相液滴的界面张力越大，液滴越难破碎，其稳定粒径越大。在过去的研究中，界面张力和湍流外力对液滴粒径的影响是借助 We 来体现的。We 表征的是惯性力与表面张力之比，描述的是使液滴有变形倾向的外力与使液滴有稳定倾向的内力之间的平衡。许多研究者利用 We 判断液滴的破裂。随着 We 增大，惯性力逐渐起主导作用，当继续增大至临界值 We_{crit} 时，液滴发生破裂。因此，由临界值 We_{crit} 可以确定液滴的最大直径：

$$d_{max} = We_{crit} \frac{\sigma}{\tau} \tag{5-82}$$

在过去的研究中，许多学者基于 We 数给出液滴稳定粒径的关系式：Middleman 在 1974 年的研究中给出的表达式为 $\frac{d_{32}}{d_p} = C_{14} We^{-0.6} Re^{0.1}$；Chen 给出的表达式为 $\frac{d_{32}}{d_p} = 1.14 We^{-0.75} \left(\frac{\mu_d}{\mu_c} \right)^{0.18}$；Lemenand 等给出的表达式为 $\frac{d_{32}}{D} = 0.57 We^{-0.6}$。上述研究均能表明，分散相界面张力对增大液滴粒径有着积极的影响。

第3节　油水分离装置内油滴破碎现象

分离效率是油水分离装置性能优劣的关键评价指标。与气－固、固－液旋流器不同，液－液旋流器中油滴在强旋湍流场的作用下易发生破碎，若破碎后产生的油滴粒径小于旋流器可分离的最小油滴，将严重影响油水分离装置的分离效率。目前对于油水分离装置内油滴破碎现象的研究还停留在通过间接参数(湍流强度、雷诺应力、速度梯度等)定性的描述阶段，缺乏衡量油滴破碎现象的准则和对不同流场条件下油滴尺寸分布影响规律的认识，难以有效指导油水分离装置的设计优化，制约了油水分离装置的发展。

对于分离油田采出液的油水分离装置，其处理介质的含油体积浓度一般不超过10%，此时油水分离装置中油滴的尺寸分布主要受到破碎的影响，油滴的聚结作用可以忽略。本书研究的含油体积浓度均在10%以内，故只考虑油滴破碎对湍流场内油滴尺寸分布的影响。

一、群体平衡方程

为了实现对油水分离装置内部油滴破碎的影响，采用群体平衡方程来求解湍流场中油滴尺寸分布。群体平衡方程是描述多相流系统中分散相规模和分布的一般方程。油水分离装置内是多相流体系，液滴的聚结和破碎是油水分离的重要过程。它们不仅影响液滴的尺寸分布，而且影响界面传质。

1. 群体平衡方程(PBM)耦合湍流和多相流方程

群体平衡方程(PBM)耦合湍流和多相流方程，如下式所示：

$$\frac{\partial}{\partial t}\big[n(v,\ t)\big] + \nabla \cdot \big[\vec{u}n(v,\ t)\big] = S(v,\ t) \tag{5-83}$$

其中，$S(v,\ t)$为液滴聚结和破裂的源项，可表示为：

$$S(v,\ t) = B_c(v,\ t) - D_c(v,\ t) + B_b(v,\ t) - D_b(v,\ t) \tag{5-84}$$

B_c、D_c、B_d和D_d为体积为v的液滴因聚结和破裂而产生和消失的比率，如下式所示：

$$B_c = \frac{1}{2}\int_0^V a(v-v',v')n(v-v',t)n(v',t)\mathrm{d}v' \tag{5-85}$$

$$D_c = \int_0^{\infty} a(v-v')n(v,t)n(v')\mathrm{d}v' \tag{5-86}$$

$$B_{b} = \int_{V}^{\infty} g(v')\beta(v \mid v')n(v',t)\mathrm{d}v' \qquad (5-87)$$

$$D_{b} = g(v)n(v, \ t) \qquad (5-88)$$

式中，$\alpha(v, \ v')$ 为 $v \sim v'$ 大小液滴的聚结速率；$g(v)$ 为体积为 v 的气泡破碎率；$\beta(v,v')$ 为液滴从体积 v' 破裂到体积 v 的概率密度函数。

2. 罗和斯文森模型

该模型基于各向同性湍流理论和概率理论。该模型中不存在未知或可调参数。破碎频率是基于到达颗粒表面的湍流涡流。根据此理论，分解核函数可写成：

$$\Omega_{b}(v : vf_{BV}) = \int_{\lambda_{\min}}^{d} \omega(d)P_{b}(v : vf_{BV},\lambda)\mathrm{d}\lambda \qquad (5-89)$$

式中，λ 为湍流涡旋的大小；$\omega(d)$ 为大小为 $\lambda \sim \lambda + \mathrm{d}\lambda$ 的涡流碰撞频率；$P_{b}(v : vf_{BV}, \lambda)$ 为大小为 d 的液滴分裂成两个液滴的概率密度；f_{BV} 为破碎体积分数，可由下式定义：

$$f_{BV} = \frac{d_{1}^{3}}{d^{3}} = \frac{d_{1}^{3}}{d_{1}^{3} + d_{2}^{3}} \qquad (5-90)$$

式中，d_{1} 和 d_{2} 为直径为 d 的母液滴的子液滴直径。

碰撞频率密度可以像气体动力学理论一样定义：

$$\omega(d) = 0.923(1 - \alpha_{d})n\varepsilon^{1/3}\frac{(d + \lambda)^{2}}{\lambda^{11/3}} \qquad (5-91)$$

式中，ε 为湍流动能耗散率；α_{d} 为分散相的体积分数。

对于涡旋撞击液滴，液滴的破碎取决于到达的涡旋所包含的能量以及表面积所需的临界能量的增加。断裂模型可以描述为：

$$\frac{\Omega_{b}(v : vf_{BV})}{(1 - \alpha_{d})n} = 0.9238\left(\frac{\varepsilon}{d^{2}}\right)^{1/3}\int_{\xi_{\min}}^{1}\frac{(1 + \xi)^{2}}{\xi^{11/3}}\exp(-b\xi^{-11/3})\mathrm{d}\xi \qquad (5-92)$$

参数 b：

$$b = \frac{12c_{f}\sigma}{\beta\rho_{c}\varepsilon^{2/3}d^{5/3}} \qquad (5-93)$$

式中，β 是常数；ρ_{c} 为连续相的密度；σ 为界面张力。c_{f} 可以用下式表示：

$$c_{f} = f_{BV}^{2/3} + (1 - f_{BV})^{2/3} - 1 \qquad (5-94)$$

计算出 v 尺寸液滴的总破碎率：

$$\Omega_{b}(v) = \frac{1}{2}\int_{0}^{1}\Omega_{b}(v : vf_{BV})\mathrm{d}f_{BV} \qquad (5-95)$$

二、模拟参数设置

1. 边界条件

模拟的介质为油和水，入口混合流速为 0.429m/s，溢流口出口的流量权重设置为 0.11，底流出口的流量权重设置为 0.89。物性参数如下：水密度为 998.2kg/m³，黏度为 0.001kg/(m·s)；油密度为 906kg/m³，黏度为 13.26mPa·s；油水界面张力为 13.15mN/m，油滴直径为 100μm。

2. 网格划分

油水分离装置采用本书第 4 章第 3 节所模拟的紧凑型油水分离装置。导叶结构采用四面体网格，主体结构采用六面体网格，网格如图 4-15(a)所示。

3. 湍流参数设置

在流场的入口还需要定义流场的湍流参数，在 Turbulence Specification Method (湍流定义方法)中，选择水力直径和湍流强度来定义入口边界上的湍流。

三、油滴破碎影响因素研究

分离效率是旋流器性能优劣的关键评价指标，与气-固、固-液旋流器不同，液-液旋流器中油滴在强旋湍流场的作用下易发生破碎。若破碎后产生的油滴粒径小于旋流器可分离的最小油滴，将严重影响旋流器的分离效率。油滴破碎是由连续相与分散相之间的相互作用引起的，体现于最终的油滴尺寸分布。掌握油滴破碎的影响因素对于紧凑型旋流器的设计优化具有重要意义。

1. 入口速度影响

入口速度的大小决定着旋流器中离心力场的强弱。入口流速越大，流体所受离心力越大，也更容易促使油滴移向壁面，但同时速度越大，流场中湍流剪切作用更强，油水相对速度更大，油滴也更易发生破碎。图 5-1 分别是入口流速为 0.2m/s、0.429m/s、0.8m/s、1.2m/s 时流场内的油滴直径分布，其中入口含油浓度均为 10%，入口油滴直径在 12mm 左右。由图可以看出，当入口流速为 0.2m/s 时，大尺寸油滴除了聚集在入口和导叶出口外，在溢流口后的小锥轴心部分聚结，此时油滴直径大概在 11mm 左右，可见该处油滴破碎显著。流场中油滴直径峰值为 13.5mm，可见油滴在径向运移过程中发生了聚结，聚结部位在溢流管下游轴心位置。随着入口速度的逐渐增大，聚集在中间的油滴成减少趋势，油滴尺寸显著降低，说明更易发生油滴破碎。当入口速度为 1.2m/s 时，聚集在轴心的油滴几乎不存在，仅在导叶出口可以观察到，说明此时油滴破碎最为剧烈，油滴分布非常均匀，大致在 10mm 左右。这主要是由于入口流速增加，流场对油滴的湍流剪切作用增强，同时油水之间相互运动增强，促使油滴拉伸而变形，已变形油滴更易发生破碎。从而随着入口流速的增加，油滴尺寸不断减小。

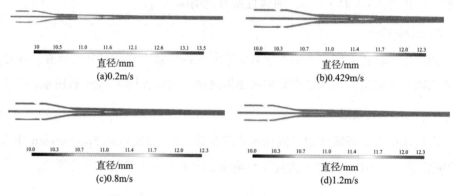

图 5-1　不同入口速度下流场内直径分布云图

图 5-2 为入口流速分别为 0.2m/s、0.429m/s、0.8m/s、1.2m/s 时流场内油滴尺寸直方图。由图可知，流速为 0.2m/s 时，油滴直径在 10mm 以下占 11.8%，油滴直径在 10~10.59mm 范围内的占 82.8%；流速为 0.429m/s 时，油滴直径在 10mm 以下占 35.40%；滴直径在 10~10.43mm 范围内的占 64.04%；流速为 0.8m/s 时，油滴直径在 10mm 以下占 26.98%；油滴直径在 10~10.22mm 范围内的占 72.69%；流速为 1.2m/s 时，油滴直径在 10mm 以下占 94.24%；油滴直径在 10~10.22mm 范围内的占 5.59%。

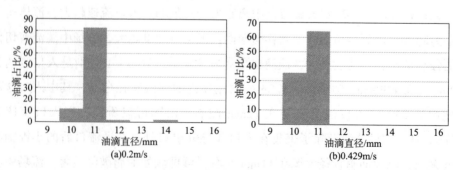

图 5-2　不同入口流速下流场内油滴尺寸直方图

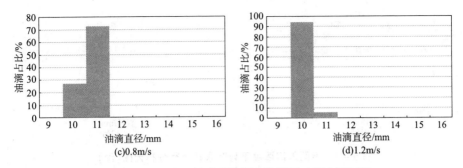

图5-2 不同入口流速下流场内油滴尺寸直方图(续)

可以显著发现，随着入口速度的不断增大，10mm以下油滴比例从11.8%先增大为35.40%后略有降低，随后又大幅上升至94.24%。说明入口速度的提高，油滴直径呈现显著降低趋势，并且降低幅度越来越大。从大部分油滴直径的角度来看，油滴直径从10~10.59mm逐渐降低至10mm以下，揭示入口速度越大，流场内湍流强度越大，油滴破碎越剧烈，产生子油滴尺寸越小。

2. 入口油滴浓度影响

图5-3是入口油滴浓度为6%、8%、10%、12%导叶末端油滴直径分布云图，其中入口流速为0.8m/s，入口油滴直径在12mm左右。由图可以看出，油滴主要聚集在壁面附近，随着入口油滴浓度的增大，聚集在壁面附近的油滴逐渐减少，油滴最大直径从12.3mm逐渐降低到12.0mm，说明油滴破碎的程度逐渐增大，但增大幅度较小。从图中还可知，较大直径油滴所占面积逐渐缩小，揭示了流场内油滴平均直径存在逐渐降低的趋势。

图5-4为入口油滴浓度分别为6%、8%、10%、12%时的流场内油滴尺寸直方图。由图可知，入口含油浓度为6%时，油滴直径在10mm以下占40.94%，油滴尺寸在10~10.43mm范围内的占58.68%；入口含油浓度为8%时，油滴直

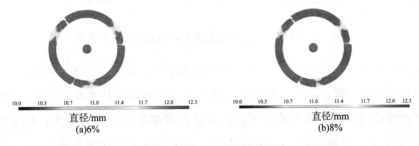

图5-3 不同入口浓度下导叶末端直径分布云图

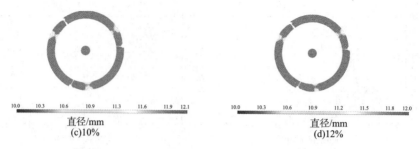

图 5 -3　不同入口浓度下导叶末端直径分布云图(续)

径在 10mm 以下的占 50.19%。油滴尺寸在 10 ~ 10.43mm 范围内的占 49.48%；入口含油浓度为 10% 时，油滴直径在 10mm 以下的占 26.98%，油滴尺寸在 10 ~ 10.22mm 范围内的占 72.69%；入口含油浓度为 12% 时，油滴直径在 10mm 以下的占 80.11%，油滴尺寸在 10 ~ 10.22mm 范围内的占 19.58%。

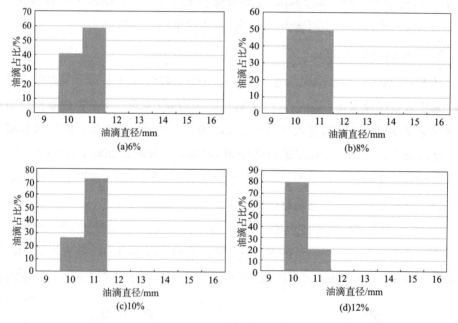

图 5 -4　不同入口含油浓度的流场内油滴尺寸直方图

可知入口含油浓度增大时，最小直径基本不变，最大直径逐渐减小。入口含油浓度从 6% 增大到 8% 时，油滴尺寸及所占比例基本保持不变，说明在该范围内，含油浓度对油滴破碎影响并不大。但随着含油浓度的继续增大，小于 10mm 的油滴所占比例显著减少，而 10 ~ 10.22mm 范围内油滴比例显著增加，说明此时油滴的聚结作用强于含油浓度 6% ~ 8% 条件下的油滴聚结。随着含油浓度进一步提高，油滴尺寸进一步减小，小于10mm的油滴所占比例显著增加。综上所述，含油浓度对油滴破碎的影响规律性不强，但整体呈含油浓度越高，油滴破碎越显著的趋势。主要是因为随着入口含油浓度的持续增加，一方面，流场内油滴数量显著提高，油滴和油滴之间碰撞概率增大，聚结作用增强；另一方面，含油浓度增加，油水两相相对运动越发显著，油滴变形程度增加，有利于进一步发生破碎。

3. 入口油滴尺寸分布

图5-5是不同入口油滴尺寸下流场内油滴直径分布云图，其中图5-5(a)为入口油滴直径在11.36~11.82mm范围内；图5-5(b)为入口油滴直径在12.04~12.27mm范围内；图5-5(c)为入口油滴直径在12.74~13.27mm范围内；图5-5(d)为入口油滴直径在13.24~14.03mm范围内。由图可以看出，入口油滴尺寸越小，中心区域油滴更容易聚并，这是因为油滴受到离心力的作用，使得其从壁面处移动到中心区域，同时也提高了油滴间发生碰撞的可能性。相反，入口油滴尺寸越大，油滴则更主要分布在旋流器的壁面附近，这是因为在此处流体动能耗散率非常大，使得油滴的破碎率更高，油滴发生破碎的可能性更大。

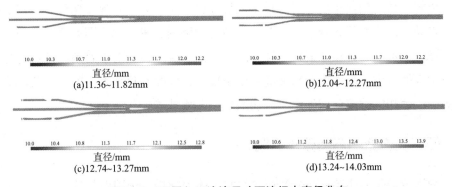

图5-5　不同入口油滴尺寸下流场内直径分布

图5-6是不同入口油滴尺寸下流场内油滴直径分布云图。由图可知，图5-6(a)为在入口油滴直径条件下，流场中油滴直径在10mm下占39.54%，油滴直径在10~10.45mm范围内占58.3%；图5-6(b)为在入口油滴直径条件下，流场中油滴直径在10mm以下占26.98%，油滴直径在10~10.22mm的占72.69%；图5-6(c)为在入口油滴直径条件下，流场中油滴直径在10mm以下的占41.62%，油滴直径在10~10.3mm的占57.06%；图5-6(d)为入口油滴直径条件下，流场中油滴直径在10mm以下的占41.45%，油滴直径在10~11mm的占57.55%。

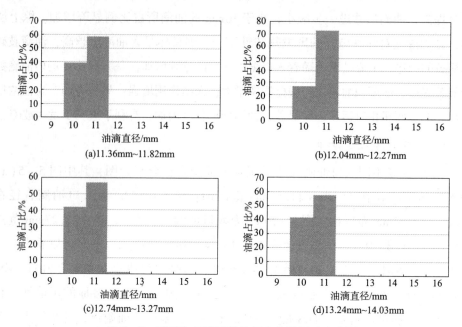

图5-6　不同入口流速的流场内油滴尺寸直方图

可知入口油滴粒径增大时，最小直径比例发生波动，呈现先降低后升高随后略有降低，最大直径先减小后增大。从最大比例的油滴尺寸范围来看，入口油滴粒径增大，油滴破碎概率提高，破碎比例更高。这主要是由于油滴维持自身球形的力为表面张力，表面张力与油滴表面呈反比，因此油滴越大，维持原状的表面张力越小，相同湍流剪切作用下，油滴更易发生破碎。

四、旋流器内油滴破碎机制

油滴破碎是由连续相与分散相之间的流体力学相互作用引起的，体现于最终的油滴尺寸分布，通常采用油滴最大稳定直径 d_{crit} 表征流动体系中能够存在的最大油滴尺寸。油滴最大稳定直径不仅取决于流场特征，还与分散系统的物理特性有关，包括分散设备的种类和两种分散介质的物性。搅拌罐、静态混合器和旋流器中油滴的破碎主要由湍流引起，这个观点被广泛接受，但并没有明确的验证。旋流器内的流场是复杂的三维旋转湍流场，其中包含多种破碎机制：（1）湍流破碎机制，主要存在于入口和大锥段；（2）层流破碎机制，由剪切破碎机制和加速破碎机制组成，分别存在于平均速度梯度较大的近壁面处及具有收缩结构的大小锥段中。为了加深对旋流器内油滴破碎现象的理解，通过分析特征时间尺度确定旋流器中油滴的破碎机制，并对比分析实验油滴尺寸与3种机制单独作用下的油滴最大稳定直径，确定了旋转湍流场中油滴破碎的主导机制。

旋流器内特征时间尺度如表5-2所示，从表中可知：（1）油滴在旋流器内的停留时间远远大于油滴变形时间，所以油滴在旋流器中有足够的时间变形；（2）剪切、加速、湍流3种机制的特征时间均小于变形时间，所以在油滴进入旋流器时，3种机制都可以使初始油滴破碎；（3）当3种机制的流动时间尺度大于或等于油滴变形时间时，油滴有足够长的时间发生破碎。上述特征时间尺度分析印证了3种破碎机制对初始油滴的作用既同时发生又相对独立。

表5-2 旋流器内特征时间尺度

特征时间	公式	计算值	特征时间与油滴变形时间比值
油滴变形时间	$\dfrac{\mu_{\mathrm{d}}d}{2\sigma}$	4.96×10^{-5}	—
停留时间	L/U	7.21×10^{-1}	1.5×10^{4}
平均流动尺度	D/U	1.86×10^{-4}	4
剪切流动时间尺度	$|\gamma|^{-1}$	1.54×10^{-4}	3
加速流动时间尺度	$|\varepsilon|^{-1}$	4.26×10^{-4}	9
湍流时间尺度	k/ε	2.97×10^{-3}	59

当油滴在简单层流的单独作用下，最大稳定直径为 $d_{\mathrm{crit}}^{\mathrm{s}}=\dfrac{2Ca_{\mathrm{cr}}^{\mathrm{s}}\sigma}{\mu_{\mathrm{c}}|\gamma|}$；当油滴在加速流的单独作用下，最大稳定直径为 $d_{\mathrm{crit}}^{\mathrm{a}}=\dfrac{2Ca_{\mathrm{cr}}^{\mathrm{a}}\sigma}{\mu_{\mathrm{c}}|\varepsilon|}$；当油滴在湍流单独作用下，最大稳定直径为 $d_{\mathrm{crit}}^{\mathrm{t}}=\left(\dfrac{We_{\mathrm{cr}}^{\mathrm{t}}\sigma}{2\rho_{\mathrm{c}}}\right)^{3/5}\varepsilon^{-2/5}$。估算出这3种机制单独作用的最大稳定直径，并与实验所得 D_{95} 对比，结果如表5-3所示。

表5-3 3种机制单独作用下油滴最大稳定直径与实验油滴直径对比

流动机制	油滴最大稳定直径/μm	3种机制最大稳定直径与实验比值
简单剪切	1.63×10^{3}	238
加速流动	1.24×10^{3}	18
湍流	1.22×10^{2}	2
共同作用(实验值)	6.87×10^{1}	—

从表5-2中可知，虽然3种机制简单估算的油滴最大稳定直径均与旋流器中实际的油滴最大稳定直径有一定差异，但仍可以反映3种机制在复杂流动中影

响程度大小的趋势。层流剪切和加速流动单独作用不是旋流器内油滴破碎过程的主导物理机制，湍流作用才是旋流器内油滴破碎的主因。

参考文献

[1] Hinze J O. Fundamentals of the hydrodynamic mechanism of splitting in dispersion processes [J]. AIChE Journal, 1995, 1(3): 289 - 295.

[2] Kolmogorov A N. On the breakage of drops in a turbulent flow [J]. Doklady Akademii Nauk Sssr, 1949, 66: 825 - 828.

[3] Azzopardi B J. Drops in annular two - phase flow [J]. International Journal of Multiphase Flow, 1997, 23(7): 1 - 53.

[4] Vankova N, Tcholakova S, Denkov N D, et al. Emulsification in turbulent flow: 1. Mean and maximum drop diameters in inertial and viscous regimes [J]. Journal of Colloid and Interface Science, 2007, 312(2): 363 - 380.

[5] Davis J. Drop sizes of emulsions related to turbulent energy dissipation rates [J]. Chem. Eng. Sci, 1985, 40(5): 839 - 842.

[6] Calabrese R V, Chang T P K, Dang P T. Drop breakup in turbulent stirred - tank contactors. Part I: Effect of dispersed - phase viscosity [J]. AIChE Journal, 2010, 32(4): 657 - 666.

[7] Lagisetty J S, Das P K, Kumar R, et al. Breakage of viscous and non - Newtonian drops in stirred dispersions [J]. Chemical Engineering Science, 1986, 41(1): 65 - 72.

[8] Sprow F B. Distribution of drop sizes produced in turbulent liquid - liquid dispersion [J]. Chemical Engineering Science, 1967, 22(3): 435 - 442.

[9] Shinnar R. On the behaviour of liquid dispersions in mixing vessels [J]. Journal of Fluid Mechanics, 2006, 10(2): 259 - 275.

[10] Coulaloglou C A, Tavlarides L L. Description of interaction processes in agitated liquid - liquid dispersions [J]. Chemical Engineering Science, 1977, 32(11): 1289 - 1297.

[11] Luo H, Svendsen HF. Theoretical model for drop and bubble breakup in turbulent dispersions [J]. AIChE Journal, 1996, 42(5): 1225 - 1233.

[12] Lehr F, Millies M, Mewes D. Bubble - Size Distributions and Flow Fields in Bubble Columns [J]. AIChE Journal, 2002, 8(11): 2426 - 2443.

[13] Xing C T, Wang T F, Guo K Y, Wang J F. A unified theoretical model for breakup of bubbles and droplets in turbulent flows [J]. AIChE Journal, 2015, 61(4): 1391 - 1403.

[14] Zhang H, Yang G, Sayyar A, Wang T. An improved bubble breakup model in turbulent flow [J].

Chemical Engineering Journal, 2019, 386: 251 –275.

[15] Andersson R, Andersson B. On the breakup of fluid particles in turbulent flows [J]. AIChE Journal, 2006, 52: 2020 –2030.

[16] Risso F. The mechanisms of deformation and breakup of drops and bubbles [J]. Multiphase Science and Technology, 2000, 12: 1 –50.

[17] Lalanne B, Olivier M, Risso Frédéric. A model for drop and bubble breakup frequency based on turbulence spectra [J]. AIChE Journal, 2018, 65(1): 347 –359.

[18] Maniero R, Masbernat O, Climent E, Risso F. Modeling and simulation of inertial drop break – up in a turbulent pipe flow downstream of a restriction [J]. International Journal of Multiphase Flow, 2012, 42: 1 –8.

[19] Kumar S, Kumar R, Gandhi K S. A multistage model for drop breakage in stirred vessels [J]. Chemical Engineering Science, 1992, 47(5): 971 –980.

[20] Maaβ S, Kraume M. Determination of breakage rates using single drop experiments [J]. Chemical Engineering Science, 2012, 70: 146 –164.

[21] Nachtigall S, Zedel D, Kraume M. Analysis of drop deformation dynamics in turbulent flow [J]. Chinese Journal of Chemical Engineering, 2016, 24(2): 264 –277.

[22] Tsouris C, Tavlarides L L. Breakage and coalescence models for drops in turbulent dispersions [J]. AIChE Journal, 1994, 40(3): 395 –406.

[23] Farrar B, Bruun H H. A computer based hot – film technique used for flow measurements in a vertical kerosene – water pipe flow [J]. International Journal of Multiphase Flow, 1996, 22(4): 733 –751.

[24] Gore R A, Crowe C T. Effect of particle size on modulating turbulent intensity [J]. International Journal of Multiphase Flow, 1989, 15(2): 279 –285.

[25] Azzopardi B J, Teixeira, et al. A quasi – one – dimensional model for gas/solids flow in venturis [J]. Powder Technology, 1999, 102(3): 281 –288.

[26] Brauner N. The prediction of dispersed flows boundaries in liquid – liquid and gas – liquid systems [J]. International Journal of Multiphase Flow, 2001, 27(5): 885 –910.

[27] Valentas K J, Amundson N R. Breakage and Coalescence in Dispersed Phase Systems [J]. Industrial & Engineering Chemistry Fundamentals, 1966, 5(4): 533 –542.

[28] Ramkrishna D. The Status of Population Balances [J]. Reviews In Chemical Engineering, 1985, 3(1): 49 –95.

[29] Tsouris C, Tavlarides L L. Breakage and coalescence models for drops in turbulent dispersions [J]. AIChE Journal, 1994, 40(3): 395 –406.

[30] Schütz S, Gorbach G, Piesche M. Modeling fluid behavior and droplet interactions during

liquid – liquid separation in hydrocyclones[J]. Chemical Engineering Science, 2009, 64(18): 3935 – 3952.

[31]Li C, Huang Q. Analysis of droplet behavior in a de – oiling hydrocyclone [J]. Journal of Dispersion Science & Technology, 2016, 38(3): 317 – 327.

[32]Liu C W, Li M Z. Effect of Dispersed Phase Viscosity on Emulsification in Turbulence Flow[J]. Applied Mechanics and Materials, 2013, 446 – 447: 571 – 575.

[33]Padron G A. Effect of surfactants on drop size distribution in a batch rotor – stator mixer[D]. Maryland: University of Maryland, 2005: 35.

[34]Hall S, Cooke M, Kowalski A. J, et al. Droplet break – up by in – line Silverson rotor – stator mixer[J]. Chemical Engineering Science, 2011, 66(10): 2068 – 2079.

[35]Kwakernaak P J, Van den Broek W, Currie P K. Reduction of Oil Droplet Breakup in a Choke [C]//Production and Operations Symposium. USA: SPE, 2007: 1 – 8.

[36]Brodkey R S. The Phenomena of Fluid Motions[M]. New Jersey: Addison – Wesley Publishing Company, 1967: 259 – 266.

[37]Pilch M, Erdman C. Use of breakup time data and velocity history data to predict the maximum size of stable fragments for acceleration – induced breakup of a liquid drop[J]. International Journal of Multiphase Flow, 1987, 13(6): 741 – 757.

[38]Gelfand B E. Droplet breakup phenomena in flows with velocity lag[J]. Progress in Energy & Combustion Science, 1996, 22(3): 201 – 265.

[39]Cohen R D. Effect of viscosity on drop breakup[J]. International Journal of Multiphase Flow, 1994, 20(1): 211 – 216.

[40]Marek M. The double – mass model of drop deformation and secondary breakup[J]. Applied Mathematical Modelling, 2013, 37(16 – 17): 7919 – 7939.

[41]Hesketh R P, Fraser Russell T W, Etchells A W. Bubble size in horizontal pipelines[J]. AIChE Journal, 1987, 33(4): 663 – 667.

[42]Han J. Secondary breakup of axisymmetric liquid drops II. Impulsive acceleration[J]. Physics of Fluids, 2001, 13(6): 1554 – 1565.

[43]Han J, Tryggvason G. Secondary breakup of axisymmetric liquid drops I. Acceleration by a constant body force[J]. Physics of Fluids, 1999, 11(12): 3650 – 3667.

[44]Aalburg C, Van Leer B, Faeth G M. Deformation and drag properties of round drops subjected to shock – wave disturbances[J]. AIAA Journal, 2003, 41(12): 2371 – 2378.

[45]Lee C H, Reitz R D. An experimental study of the effect of gas density on the distortion and breakup mechanism of drops in high speed gas stream[J]. International Journal of Multiphase Flow, 2000, 26: 229 – 244.

[46] Tarnogrodzki A. Theoretical prediction of the critical Weber number[J]. International Journal of Multiphase Flow, 1993, 19 (2): 329 – 336.

[47] Middleman S. Drop Size Distributions Produced by Turbulent Pipe Flow of Immiscible Fluids through a Static Mixer[J]. Ind. Eng. Chem. process Des. Dev, 1974, 13(1): 78 – 84.

[48] Fradette L, Tanguy P, Li H Z, et al. Liquid/Liquid Viscous Dispersions with a SMX Static Mixer[J]. Chemical Engineering Research & Design Transactions of the Inst, 2007, 85(3): 395 – 405.

[49] Lemenand T, Valle D D, Zellouf Y, et al. Droplets formation in turbulent mixing of two immiscible fluids in a new type of static mixer[J]. International Journal of Multiphase Flow, 2003, 29(5): 813 – 840.